배추

유기재배

배추
유기재배

초판인쇄 2013년 6월 21일
초판발행 2013년 6월 21일

책임진행 농촌진흥청 농촌지원국 김성일 · 이현학 · 김근영
엮은이 국립농업과학원 강충길 · 김민정 · 김용기 · 남홍식 · 박광래 · 박종호 · 박흥경 · 심창기 · 안난희 · 옥정훈 ·
　　　　 윤종철 · 이민호 · 이병모 · 이상민 · 이상범 · 이연 · 이용기 · 조정래 · 지형진 · 한은정 · 홍성준

펴낸이 채종준
디자인 홍은표
펴낸곳 한국학술정보(주)
주소 경기도 파주시 문발동 파주출판문화정보산업단지 513-5
전화 031-908-3181 (대표)
팩스 031-908-3189
홈페이지 http://ebook.kstudy.com
E-mail 출판사업부 publish@kstudy.com
등록 제일산-115호(2000.6.19)

ISBN 978-89-268-4394-9 93520 (Paper Book)
　　　 978-89-268-4395-6 95520 (e-Book)

이담 *Books* 는 한국학술정보(주)의 지식실용서 브랜드입니다.

배추

유기재배

목 차

Part 01

유기농 배추

- 배추는 김치의 주원료가 되는 중요한 채소로 생산 기술 체계가 확립되어 연중 파종과 수확이 가능하다. 친환경 배추를 포함한 배추의 연도별 재배면적은 아래 그림과 같이 농업환경 및 소비자 소비패턴의 변화로 점차 감소하면서 최근 4만 ha를 밑돌고 있다. 작형별 재배면적은 노지가을배추>노지봄배추>시설배추 순이다.

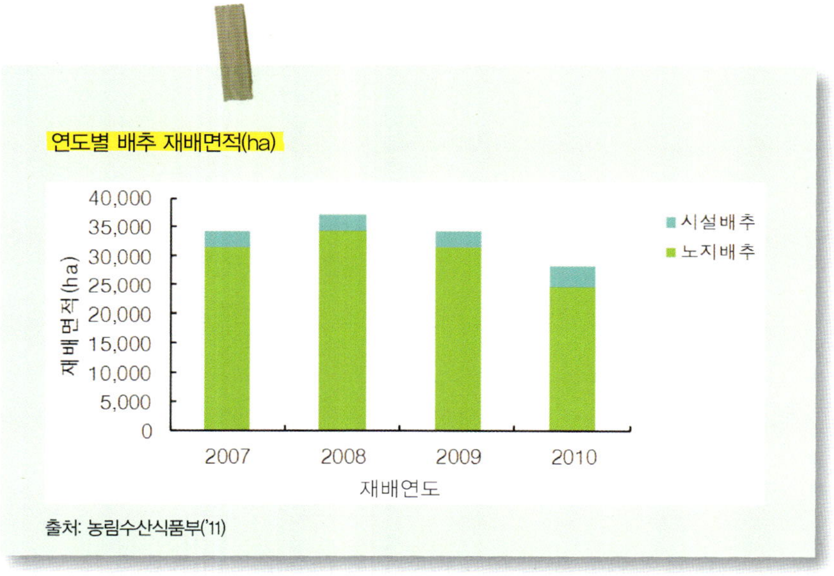

출처: 농림수산식품부('11)

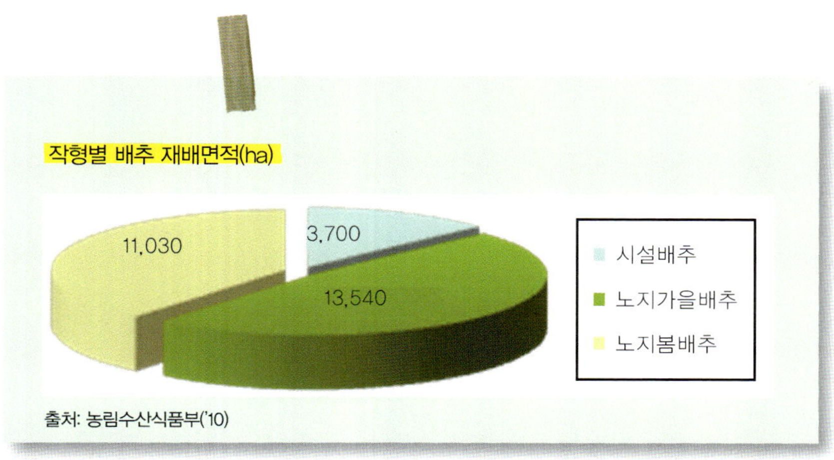

출처: 농림수산식품부('10)

- 2007년 기준 배추의 유기재배 인증 면적은 약 7 ha(국립농산물품질관리원)로 전체 배추 재배면적의 약 0.2%에 해당하여 그 비중이 작은 편이지만 해마다 유기재배 면적이 증가하고 있다. 한편, 친환경배추와 관행배추의 가격은 재배시기와 판매점에 따라 차이가 있으나 친환경 농산물이 관행 농산물보다 가격이 높았다.

표 1. 관행과 유기농 배추 가격비교

조사 시기	구 분	가격(원/포기)
'11년 5월	관 행	1,150
	유기농	3,640
'11년 7월	관 행	1,700
	유기농	2,570

※ 포기당 2.5kg 가정 환산
출처: aT한국농수산식품유통공사('11)

Ⅰ. 배추 품종

- 유기재배에서는 유기종자를 사용하는 것이 원칙이며 GMO 종자나 화학적으로 처리한 종자를 사용해서는 안 된다. 다만 일반적인 방법으로 유기종자를 구할 수 없을 때는 예외로 한다.
- 유기재배 배추는 전문인증기관의 엄격한 기준에 따라 인증받은 농가에서 생산된 배추이며 포장지에는 다음과 같은 친환경 농산물 인증마크 중 유기농산물 마크를 표기한다.

인증기준	• 유기합성농약과 화학비료를 사용하지 않고 재배한 농산물 (전환기간: 다년생 작물은 3년, 그 외 작물은 2년)
인증마크 및 표시	 기존 로고　　　　새로운 로고 • 유기농산물, 유기축산물 또는 유기○○ (○○는 농산물의 일반적 명칭으로 한다) • 예: 유기재배 배추 • 기존 로고는 2013년까지 병행 사용

출처: 국립농산물품질관리원

- 배추는 결구형과 불결구형으로 구분하고, 결구형은 다시 밑동만 결구하는 반결구형과 완전히 결구하는 결구형으로 나누어진다.

Ⅱ. 품종 선택

- 품종은 재배할 토양조건, 재배방법 등이 유기재배에 적합한지 여부에 따라 선택하는 것이 중요하다.
- 품종의 특성을 파악하기 위해 품종 등록 정보를 이용하거나 자신과 유사한 영농환경을 가진 농가의 경험을 고려한다.
- 품종을 이용하기 전에 소면적 재배시험을 통해 새로운 품종 재배 시 나타날 수 있는 문제를 검토한 후 결정한다.

재배 작형	품 종
봄재배	노랑봄배추(세미니스), 봄금가락배추(중앙), 겨나름배추(동부), 신농(신젠타), 매력배추(농우)
여름재배	노랑여름배추(세미니스), 신춘1호배추(한농), 큰여름배추(신젠타), 정상배추(농우)
고랭지 여름재배	노랑관동배추(흥농), CR여름맛배추(농우), 여름살짝(돈부), CR안심(신젠타)
가을재배	노랑김장배추(흥농), 가락신1호배추(중앙), 금빛너추(한농), 가을황배추(신젠타), 장미배추(농우), 청원호배추(청원), 샛노랑배추(농우)
노지 월동재배	동풍배추(세미니스), 설왕배추(농우), 무적배추(등록)

- 중산간지 봄배추 유기재배 품종은 샛노랑, 햇복, 강력여름배추가 수량
  이 높았으나, 샛노랑은 추대가 되어 품질이 떨어졌다(전라남도농업기
  술원, '07).
- 추석 전·후 출하를 위한 유기재배 가을배추(전라남도농업기술원, '06)
  - 9월 하순 출하: 장미, CR맛, 불암3호
  - 10월 상순 출하: 장미, 브람, 가을맛
  - 10월 하순 출하: 보람, 불암플러스, 노랑배추

Ⅲ. 저항성 품종

- 유기재배를 위한 품종 선택 시, 지역의 기상조건에 따라 상습 발생하
  는 병해충에 대한 저항성 품종을 선택한다.

1. 배추 노균병에 대한 저항성 품종

- 배추 노균병은 저온 다습한 조건에서 피해가 우려되므로 저항성 품종을 재배한다.

표 3. 배추 품종별 노균병에 대한 저항성 정도

저항성	중도저항성	감수성
CR그린, CR으뜸, CR여름맛, CR하계, CR새로나, CR강타	CR퍼펙트, 매력, 강력여름, 노랑봄, 예쁜노랭이, 하우스금가락	CR맛, 칠성, CR싱싱, 노랑여름, 고랭지여름, 노랑맛하장, CR진심, CR안심, CR산촌, CR탱크, CR만족 등

※ 대부분 뿌리혹병 저항성 품종이 무름병에도 저항성을 가짐
출처: 고령지농업연구센터('06)

2. 배추 뿌리혹병 저항성 품종

- 뿌리혹병은 토양전염성 병해로 오염된 토양에서는 해마다 발병하므로 저항성 품종을 재배한다.
- 뿌리혹병은 병원균의 변이가 매우 심하므로 저항성 반응이 변화되기 쉽다.
- 뿌리혹병 저항성 품종은 대부분 무름병에 대해서도 저항성을 나타낸다.

표 4. 배추 품종별 뿌리혹병 저항성

저항성	중도저항성	감수성
CR새로나	CR그린, R902(해남), CH싱싱배추	CR파워, CH211, CH240, 개나리, 장미, CCX01(신춘1호), CCX02(산촌)

출처: 국립농업과학원, 경기도 · 강원도농업기술원('00)

Part 02

육
묘

관
리

Ⅰ. 파종하기

1. 종자 준비

- 종자 소독: 50℃의 물에서 25분간 침지 후 이용하는 경우 종자전염성 병해를 방제할 수 있다. 이때 물의 온도와 시간을 정확히 맞추어야 종자 피해를 줄일 수 있다.
- 종자 파종량: 60mL/10a
- 발아적온: 20~25℃

2. 파종 요령

- 유기 배추 파종은 직파재배와 육묘이식재배로 나눌 수 있다.
- **직파재배**
  - 6~8mm 정도 깊이로 파종한다.
  - 일반적인 재식거리는 조생종은 60×35cm, 만생종은 65×40cm이나 포장환경에 따라 조정이 가능하다.
  - 본잎이 5~6매가 될 때까지 2~3회 정도 솎아준다.
- **육묘재배**
  - 플러그상자가 포트나 연상보다 가볍고 운반이 용이하며 건실한 육묘가 가능하여 많이 이용된다.
- **플러그상자에 씨뿌리기**
  - 육묘상자는 보통 72~162구의 플러그상자를 이용한다.
  - 육묘상자는 반드시 밑에 배수구가 있는 것을 사용해야 한다.

- 파종구당 2~3립 정도 파종하고 복토는 종자 두께의 2~3배가 적당하며, 본잎이 2~3매 될 때까지 2회 정도 솎아준다.
- 파종 후 2~3일이면 발아가 완료되고 발아율이 보통 95% 이상이므로 따로 재파종할 필요는 없다.
- 육묘상자 규격별 배추 모종의 건물중은 72구 상자가 10주당 8.9g으로 가장 높았으나 정식 30일 후 배추 생육은 105구 처리가 양호하였다(표 1).

표 1. 플러그 규격별 모 소질 및 생육특성

처 리	입모율 (%)	파종 30일 후 생육			건물중(g/10주)			정식30일 후 생육			
		엽장	엽폭	엽수	지하부	지상부	계	엽장 (cm)	엽폭 (cm)	엽수 (매)	주중 (g)
50구	90.7	16	6	6	1.9	4.5	6.4	21	13	17	110
72구	97.7	15	6	5	3.7	5.2	8.9	18	15	17	130
105구	96.0	15	5	5	0.7	2	2.7	28	18	17	185
128구	97.4	15	4	4	0.5	1.8	2.3	25	16	16	132
162구	97.3	13	4	4	0.6	1.4	2.0	26	15	17	133

Ⅱ. 상토 준비

1. 상토의 구비조건

- 육묘용 상토는 다양한 재료들을 혼합하여 만들 수 있지만, 재료들을 선택하기 전에 다음 사항을 고려한다.
  - 산도(pH) 범위는 토양상토는 6.2~6.8이고, 경량 혼합상토는 5.8~6.2이다.

- 전기전도도(EC)의 범위는 1.0~2.0dS/m(1:5 w/w)로 알려져 있다.
- 유해가스가 발생해서는 안 되며, 병원균이나 해충에 감염되어서도 안 된다.
- 원재료의 성질이 균일하고 구입이 쉬워야 하며, 값이 싸야 한다.
- 화학비료와 합성물질을 첨가한 상토는 유기농업에서 이용할 수 없다.
- 상토는 배추 생육에 적절한 근권환경을 만들고 물리 화학성이 좋으며 내구성을 지녀야 한다.
- 상토재료는 종류에 따라 재이용이 가능한 것은 회수할 수 있어야 한다.
- 상토재료는 자연에 풍화·분해되어 쓰레기를 발생시키지 않고 농경지 등의 재배 환경을 손상시키지 않아야 한다.
- 악취·오염 등이 없이 작업자가 쾌적하게 작업할 수 있어야 한다.

표 2. 일반 상토의 주원료(상토연구, '06)

구 분	수입 원료	국내산 원료
식물성	코코피트, 토탄, 피트모스	왕겨숯, 왕겨
광물성	버미큘라이트, 펄라이트	제올라이트, 규조토, 마사, 황토

시판상토의 이용 시 주의 사항

- 농가에서 시판상토와 섞어 자체 제조한 상토의 경우 제조과정에서 무사마귀병균에 오염될 소지가 많다(국립농업과학원, '99).
- 시판상토의 경우 이미 개봉한 것은 그 작기에 모두 사용한다. 부득이하게 남은 상토는 오염된 퇴비나 흙이 섞이지 않도록 따로 보관하고, 침수되거나 오염된 물이 흘러들어 가지 않게 보관한다.

구 분	항 목	단 위	보증 범위
물리성	수분 함량	%	자율보증
	보수력	%	자율보증
	용적밀도	Mg/m^3	자율보증
화학성	pH(1:5)	–	5.5~7
	EC(1:5)	dS/m	1.2 이하
	유효인산(P_2O_5)	mg/L	자율보증
	암모니아태질소(NH_4-N)	mg/L	자율보증
	질산태질소(NO_3-N)	mg/L	자율보증
	CEC	$cmol^+/L$	자율보증
유해 성분	비소, 카드뮴, 수은, 납, 크롬, 구리	mg/kg	비소 50, 카드뮴 5, 수은 2, 납 150, 크롬 300, 구리 500 이하
생물성	병원균(역병, 시들음병, 풋마름병, 선충 등)	–	육묘 시 문제없음
	잡초종자	–	육묘 시 문제없음

2. 유기상토에 이용할 수 있는 자재

✚ 흙

- 유기 인증된 농가의 토양이어야 하며, 토양 해충이 의심될 경우 태양열 소독을 통해 전염원의 유입을 예방한다.

✚ 모래

- 굵은 모래가 고운 모래보다 좋다.
- 혼합된 성분 중 무게가 가장 무겁기 때문에 식물을 지지하는 데 중요한 역할을 한다.

✚ 퇴비

- 유기재배 농가들이 가장 일반적으로 이용할 수 있는 자재이다.
- 퇴비의 질은 만드는 방법과 재료에 영향을 받으므로 양질의 재료를 혼합하는 것이 중요하다.
- 퇴비 시용 전 적어도 6개월 이전에 만들어 놓는다.
- 대부분의 경우 상토의 20~30%만을 이용하고, 큰 육묘로 키우는 경우 50%까지 혼합할 수 있다.
- 퇴비 속에는 병원성 미생물이 존재하지 않아야 한다.

표 4. 유기상토에 필요한 우수한 퇴비의 요건

항 목	기 준	항 목	기 준
pH	6.5~8.0	질산염(Nitrate)	≤300ppm
황화물(Sulfide)	없어야 함	CO_2	≤1%
암모니아(Ammonia)	≤0.05ppm	수분함량	30~35%
암모늄(Ammonium)	0.2~0.3ppm	유기물함량	≥25%
아질산염(Nitrite)	≤1ppm	염도	≤3dS/m

출처: ATTRA(Appropriate Technology Transfer for Rural Areas, '98)

✚ 부숙 소나무 수피(Composted Pine Debris)

- 리그닌 함량이 많고 상토를 가볍게 하고 토양 내 기상을 증가시켜 수분보유력을 감소시킨다.
- 질소함량이 낮으므로 상토로 이용할 때는 질소 성분이 많은 유기자재를 추가해야 질소결핍증상을 해결할 수 있다.

✚ 피트모스(Peat Moss)

- 수분과 공기를 다량 보유하며 분해속도가 느리다.
- 일반적으로 강산성(pH 3.5~4.0)이므로 pH를 맞추기 위해 석회석 등을 이용한다.

- 피트모스에는 화학비료들이 첨가된 경우가 많으므로 이를 확인한 후 목적에 맞게 이용한다.

✚ 버미큘라이트(Vermiculite, 질석)

- 토양에서 물과 영양 성분을 흡착하고 Ca과 Mg를 함유하여 pH는 거의 중성이다.
- 입자 크기가 큰 것은 노숙묘를 위한 상토에 이용하고 중간 크기의 것들은 새로 파종하는 상토에 이용한다.

✚ 석회석

- pH를 보정하고 영양공급을 위해 이용한다.
- 고토석회 등 천연 석회를 사용한다(소석회의 생석회는 사용할 수 없다).

✚ 그 외의 유기자재들

- 상토 내에 미생물이 충분히 존재하지 않을 수 있으므로 느리게 분해되는 유기질비료를 이용하는 것은 좋지 않다.
- 질소고정균(*Azospirillum brasilense*)을 상토에 처리하면 배추 육묘의 생장이 촉진되고, 육묘를 포장에 정식하였을 경우 10~30% 수량이 증가한다(국립농업과학원, '06).
- 상토배합을 할 때, 지렁이 분변토와 흙의 비율이 높을 경우 상토무게가 무거워 많은 양을 작업할 때는 배합비율을 고려해야 한다.

표 5. 상토원 배합비율별 물리성 및 생육특성

상토 배합비율	상토무게 (g/상자)	흡수량 (mL/상자)	입모율 (%)	모 건물중 (g/10주)
지렁이 분변토 100%	2,754	770	90.8	2.2
분변토 50%, 펄라이트 25%, 코코피트 25%	2,062	537	94.9	2.1
분변토 50%, 피트모스 25%, 코코피트 25%	1,588	392	95.9	2.1
분변토 25%, 피트모스 35%, 코코피트 35%, 펄라이트 5%	1,058	385	78.1	2.0
피트모스 46%, 코코피트 46%, 펄라이트 8%	738	606	94.1	1.2
피트모스 41%, 코코피트 41%, 펄라이트 18%	750	351	94.1	1.2
분변토 49%, 펄라이트 17%, 코코피트17%, 피트모스 17%	1,595	403	96.4	2.1
피트모스 80%, 펄라이트 20%	681	811	94.5	1.8
흙 46%, 피트모스 46%, 코코피트 8%	1,668	400	90.0	1.4
흙 67%, 펄라이트 33%	1,300	366	95.2	1.0
흙 49%, 피트모스 17%, 펄라이트17%, 코코피트 17%	1,110	638	95.6	1.4

출처: 전라남도농업기술원('06)

표 6. 유기물 재료별 조제 상토의 성분함량

유기물별	pH (1:5)	OM (%)	P_2O_5 (mg/kg)	Ex.($cmol^+$/kg) K	Ca	Mg	EC (ds/m)
낙엽 상토	7.4	5.3	63	0.48	21.2	3.85	0.566
볏짚 상토	7.1	4.4	137	1.78	15.6	1.75	1.083
톱밥 상토	7.8	11.7	43	0.25	11.8	2.46	0.574
피트모스	6.6	6.2	57	0.38	13.5	4.39	0.544
버섯폐톱밥 상토	8.7	11.3	776	1.56	5.10	2.80	2.590

※유기물과 토양 1:1 혼합
출처: 강원도농업기술원('92)

※ 위의 유기물 상토를 이용하여 육묘한 묘의 경우, 배추의 생육상황은 톱밥상토가 시판상토보다 좋았고 낙엽상토는 시판상토와 비슷한 생육효과를 보였다(강원도농업기술원, '92).

- 공극률이 매우 적은 육묘상토는 작은 셀의 용기에 사용할 경우 생육이 저하될 수 있다.
- 다른 상토재료를 임의로 혼합하는 경우 병원균의 오염 및 상토의 균일성이 저해되는 경우가 있다.
- 포트의 바닥부분을 지면에 밀착하면 토양 병원균의 오염 상토의 통기불량을 야기할 수 있다.

Ⅲ. 육묘하기

1. 봄 및 촉성재배

- 파종과 육묘 기간이 저온기이므로 저온에 감응하지 않도록 온상육묘를 하고, 온도는 15~20℃로 유지하고 햇빛이 잘 들게 하며 환기를 철저히 한다.
- 정식 2~3일 전에 온도를 낮추어 순화시킨 후 정식하여야 활착이 빠르다.

2. 여름 및 가을재배

- 파종 및 육묘 기간이 다소 고온이므로 온도 상승에 주의한다.
- 진딧물, 배추좀나방, 파밤나방, 벼룩잎벌레 등 해충에 의한 피해를 막는 것이 가장 중요하며 이를 위해 한랭사나 망으로 피복한다.
- 정식 2~3일 전에 포트의 자리를 옮겨주면 뿌리가 절단되어 잔뿌리의 발달을 도와 활착이 좋아진다.
- 육묘 기간은 일반적으로 20~25일 정도이다.

배추육묘 망사멀칭

배추벼룩잎벌레 피해

3. 육묘 거름주기

- 육묘 중 관수를 많이 하거나 본래 양분이 충분치 않은 경우 웃거름(추비)을 준다.
- 웃거름은 유기자재를 발효시킨 액비로 공급해준다.

Ⅳ. 정식하기

1. 밭 준비

- 정식할 밭은 밑거름을 전면에 살포하고 로터리를 친 후 이랑을 만든다.
- 하우스재배 시 정식 20일 전에 비닐을 씌워 낮 동안 햇빛을 이용하여 얼어붙은 땅을 녹여준다.
- 하우스나 터널재배 시 밑거름으로 준 미숙퇴비에 의한 가스피해가 발

생할 수 있으므로 완숙퇴비를 이용한다.

- 정식 1주일 전에 밭 준비를 끝내고 터널재배의 경우 비닐을 먼저 씌워 가스발산을 촉진한 후 완전히 방출시킨다.

2. 정식

- 정식묘의 크기는 재배시기에 따라 다르다.
  - 하우스 · 터널재배: 본잎이 6~7매인 모종을 정식한다.
  - 봄 · 중산간지 재배: 본잎이 5~6매인 모종을 정식한다.
  - 여름 · 가을재배: 본잎이 3~4매인 모종을 정식한다.

표 7. 작형별 정식 시기와 특성

재배 작형	정식시기	특 성
하우스 · 터널	본잎 6~7매	· 정식 시기가 비교적 저온이므로 맑은 날 오전에 한다. · 저온기에는 3~4일 전에 비닐을 씌워 지온을 높여준 후 정식한다. · 터널재배의 경우 점적관수나 분수호스를 설치하면 효과적이다.
봄 · 고랭지	본잎 5~6매	
여름 · 가을	본잎 3~4매	· 정식기가 고온이므로 흐린 날 오후에 정식해야 활착이 좋다.

- 정식 후 물을 충분히 주어야 활착이 빠르다.
- 재식 거리는 숙기에 따라 차이가 있다.
  - 조생종: 60×35cm, 중생증: 60×45cm, 만성종: 35×45cm

표 8. 재식거리별 유기농배추 생육 및 수량

처 리	주 중 (g)	구 고 (cm)	구 폭 (cm)	엽 수 (매)	수 량 (kg/10a)	상급수량 (kg/10a)	상품수량 지수
60×30cm	2,503	30.8	14.6	76	13,933	12,4[illegible]	126
60×40cm	3,238	30.6	16.7	75	13,489	2,19[illegible]	126
60×50cm	3,205	33.3	17.7	85	10,683	3,[illegible]	100
60×60cm	3,295	33.4	17.9	81	9,150	8,535	86

출처: 전라남도농업기술원('07)

Part 03

•

토
양

관
리

Ⅰ. 토양 조건

1. 화학성

- 배추재배에 적합한 토양산도는 pH 6.0~6.5 정도로 약한 산성이 좋으나 산도가 낮아지면 무사마귀병 및 석회결핍증이 발생할 수 있다.
- 배추 재배에 적합한 토양의 적정범위는 다음 표를 참고한다.

표 1. 배추 노지 · 시설재배에 적당한 토양의 화학성

pH (1:5)	OM (%)	Av.P_2O_5 (mg/kg)	Ex. ($cmol^+$/kg)			CEC ($cmol^+$/kg)	EC (dS/m)
			K	Ca	Mg		
6.0 ~ 6.5	2.5 ~ 3.5	350 ~ 450	0.65 ~ 0.80	5.0 ~ 6.0	1.5 ~ 2.0	10 ~ 15	2 이하

출처: 작물별 시비처방기준('10)

2. 물리성

- 배추는 뿌리를 길게 뻗고 잔뿌리가 많아 토심이 깊으면서 물 빠짐이 좋은 토양을 좋아한다.
- 충적토에서는 배추의 생육이 왕성하여 고품질의 배추를 생산할 수 있는 반면, 사질토양의 경우 초기 생육이 빠르나 후기 생육이 불량하여 잎이 누렇게 되는 현상이 빨리 온다.
- 점질토양에서는 생육은 늦지만 잎의 황화 또는 낙엽 현상이 늦고 오랫동안 녹색이 유지된다.
- 배추 재배에 적합한 토양의 물리성은 다음 표를 참고한다.

표 2. 배추 노지 · 시설재배에 적합한 토양의 물리성

지 형	경사도	토 성	토 심	배수성
평탄지~곡간지	<7%	사양토~식양토	>100cm	양호~약간 양호

출처: 작물별시비처방기준('10)

Ⅱ. 토양비옥도 관리

······ **토양비옥도 관리의 기본** ········

● 토양의 건전성과 생물학적 활성을 유지한다.

● 건전성을 직접 평가해본다. 토양 감촉과 냄새 등을 확인해본다.

● 다음 사항을 고려해본다.
  - 피복작물이나 윤작을 이용할 수 있는가?
  - 잔사를 많이 내는 작물이나 다년성 잡초는?
  - 농경지 근처에 작물에 필요한 영양을 공급하기 위해 사용할 수 있는 유기물원이 있는가?

● 유기질비료나 토양개량제를 사용하기 전에 성분분석을 먼저 실시한다(작물이 필요로 하는 양분 수준을 파악함으로써 양분처리비용을 줄일 수 있다).

● 퇴비는 다루기 쉽고 냄새도 적으며 부피도 작으나 값이 비싸므로, 실천 농가 스스로 만들어 쓰면 비용을 줄일 수 있다. 가축분보다 식물에 대한 양분 공급 효과는 낮으나, 느리게 분해되므로 양분 손실을 최소화할 수 있다.

● 많은 종류의 식물이 피복작물이나 녹비작물로 활용될 수 있다.

• 배추는 토양에 양분이 있는 이상 오랫동안 자라며 양분을 많이 필요로 하는 작물이다.

• 토양관리를 위해서는 연 1회 정도 농업기술센터 등에 의뢰하여 토양정밀검사 후 필요한 만큼의 양분을 투입해야 한다.

• 토양의 비옥도 유지를 위해 녹비나 부숙 퇴비를 이용하고 그 외 부족한

양분에 대해서 여러 유기자재를 이용하여 영양 결핍을 예방할 수 있다.

1. 작형별 양분 요구량

- 토성에 따라 웃거름 양을 조절한다.
- 사질토의 경우 양분 유실이 많으므로 웃거름을 늘려야 하고, 토양이 비옥하면 양분 투입량을 줄인다.
- 여름철에 장마·태풍 등에 의한 양분 유실이 많은 경우 웃거름으로 양분을 보충해준다.

배추 양분공급 예

● 유기질비료는 분해기간이 완만하므로 배추재배에 필요한 표준시비량은 10a당 질소 32kg, 인산 7.8kg, 칼리 19.8kg인 데 비해, 시험포장의 검정시비량은 질소 30.5kg, 인산 4.0kg, 칼리 14.9kg이었다. 질소기준으로 유기질비료를 성분량으로 환산하여 전량 밑거름으로 한 번만 주는 것이 밑거름+웃거름 2회(9,239kg/10a) 대비 22.4% 증수되었다(표 3).

표 3. 유기질비료 시비방법별 가을배추 생육 및 수량비교

처 리	주중 (g/포기)	구고 (cm)	구폭 (cm)	엽수 (매)	수량 (kg/10a)	상품수량 (kg/10a)	상품수량 지수
밑거름+2회 웃거름	2,951	32.2	18.0	66	9,736	9,239	100
전량 밑거름	3,629	32.7	17.8	74	11,974	11,315	122.4
밑거름+1회 웃거름	3,165	31.5	18.3	72	10,464	9,805	106.1
밑거름+3회 웃거름	2,918	30.3	16.7	66	9,631	9,024	97.7
무비 재배	2,097	28.7	17.2	64	6,918	6,150	66.5

출처: 전라남도농업기술원('07)

- 호밀녹비를 재배하여 전량 환원하고 유기질비료를 보충해 주었을 때 봄배추의 상품수량은 관행구(6,734kg/10a) 대비 10.3% 증수되었다.

- 가축 비료로부터 질소의 흡수량은 투입량의 5~16%이며, 녹비들어서 질소 효율이 10~23%이다(Jensen, 1994; Haynes, 1997; Ma, et al., 2001).

표 4. 질소원별 유기봄배추 생육 및 수량비교

처 리		구중 (g)	구고 (cm)	구폭 (cm)	수량 (kg/10a)	상품수량 (kg/10a)	상품수량 지수
질소원	질소수준 (kg/10a)						
녹비전량환원(무비)	12.3	1,886	152.8	13.7	6,152	5,659	84.0
녹비전량환원+유기질 비료	30.5	2,476	32.8	15.0	7,818	7,427	110.3
녹비예취이용+우분 퇴비	31.0	1,861	31.2	14.3	6,004	5,583	82.9
녹비예취이용+유기질 비료	30.5	1,969	31.7	11.0	6,354	5,909	87.7
전량예취 이용(무비)	0	1,593	30.8	13.8	5,140	4,780	71.0
관행구	31.1	2,247	36.3	18.5	7,400	6,734	100

출처: 전라남도농업기술원('08)

토양관리 시 주의점

- 복토는 두껍다 싶을 정도로 해주는 것이 좋다.
- 토성이 사질토인 경우 양분유실이 많으므로 웃거름을 더 줘야 한다.
- 토양이 척박한 경우 배추 영양상태에 따라 웃거름 양을 늘리거나 엽면시비해야 한다(예: 생선액비 500배 희석하여 7~10일 간격 살포).

2. 퇴비

- 배추는 초기생육이 왕성해야 결구가 좋으므로 밑거름에 중점을 두어 퇴비 등의 유기물을 충분히 시용해야 한다.
- 밑거름의 양은 작형, 토성, 토양의 비옥도, 품종의 양분요구도, 생육시기, 배추의 영양상태에 따라 차이가 있으나 보통 10a당 퇴비 1,500kg,

질소 7~8kg, 인 2~4kg, 칼리 10~11kg 정도지만 시설재배지에서는 20% 정도 적게 사용하여야 한다.

- 결구가 시작되는 시기에 양분 요구도가 가장 높으므로 이 시기에 웃거름을 15일 간격으로 3~4회 사용한다.
- 석회나 붕소 결핍증이 흔히 나타나므로 유기자재를 통해 공급해 준다.

✚ 유기퇴비 제조방법

(1) 원료준비 및 특성

- 주재료(유기물 공급원): 볏짚, 파쇄목, 산야초 등
- 부재료(양분 공급원): 쌀겨, 깻묵, 식물성 유박 등

표 5. 주요 유기물 자원별 이화학적 특성 및 성분함량(건물기준)

유기물원		pH	EC (dS/m)	유기물 (g/kg)	T-N (%)	C/N율 (탄질률)	인산 (%)	칼리 (K_2O, %)
볏 짚		6.4	1.86	893	0.67	77	0.28	0.89
파쇄목		6.3	2.36	930	0.12	450	0.03	0.39
수 피		4.6	0.51	908	0.31	170	0.52	0.73
톱 밥		4.9	0.42	939	0.08	680	0.12	0.19
폐배지		4.9	3.18	926	1.25	43	0.69	0.47
유 박		5.6	2.95	877	6.50	7.8	3.01	1.36
쌀 겨		6.1	3.47	907	2.25	23	4.31	2.57
돈 분		6.1	17.28	782	2.25	20	3.28	1.08
산야초	갈 대	5.7	9.63	895	2.84	18	3.02	1.76
	억 새	6.0	11.40	922	3.58	15	1.87	1.84
	칡 잎	6.2	9.48	916	2.86	19	0.37	2.37
	떡갈나무	4.3	6.64	929	2.37	23	0.88	1.60

(2) 제조과정

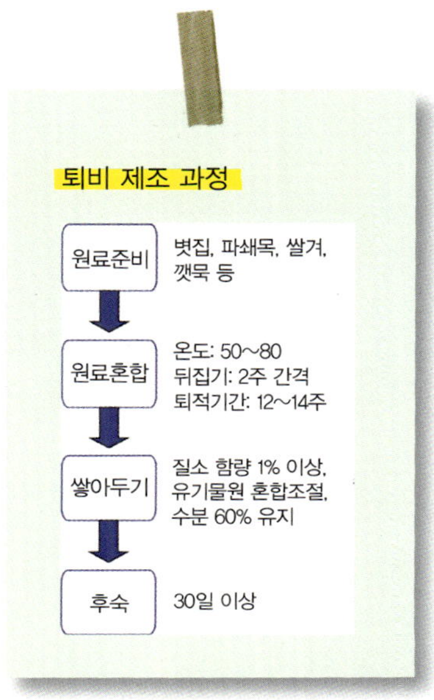

(3) 퇴비원료

- 중산간지대: 임산부산물
  - 종류: 톱밥, 수피, 파쇄목, 대팻밥, 산야초 등
  - 특징: 유기물 함량이 높고, 질소 함량이 낮아 비료적 가치가 낮으나 흡습성과 통기성이 양호하여 토양물리성 개량제로 가치가 크다.
- 평야지대: 농산부산물
  - 종류: 볏짚, 왕겨, 보릿짚 등
  - 특징: 유기물이 풍부하여 자원 확보가 용이하고 양질의 퇴비 원료로 적절하다.

(4) 혼합방법

- 중산간지대: 수피 또는 파쇄목과 깻묵을 7:3 비율로 혼합한다.
- 평야지대: 볏짚과 쌀겨를 7:3 비율 또는 볏짚과 깻묵을 8:2 비율로 혼합한다.
- 기타 농가부산물, 해산부산물, 미생물제 등을 첨가하여 양분을 공급한다.
- 주재료와 부재료를 층층이 혼합(질소 1% 이상 함유)한다.
- 수분조절: 50~60%로 유지(손으로 쥐었을 때, 물이 스며나오는 정도)한다.

(5) 쌓아두기

- 퇴비더미는 공기가 잘 통하여 퇴비화 과정이 충분히 일어날 수 있도록 폭 2m, 높이 1m 이상이 되지 않도록 야적한다.
- 빗물에 의한 유출수 방지 및 보온을 위하여 퇴비더미를 비닐 등으로 덮어준다.

(6) 뒤집기 작업

- 퇴비화 과정을 촉진하고 균질한 부숙을 위하여 약 2주 간격으로 퇴비 뒤집기를 실시하는 것이 좋다.

✚ 퇴비의 부숙도 검사 요령(표준영농교본, '02)

(1) 관능검사

- 형태: 부숙이 진전됨에 따라 형태의 구분이 어려워지며, 완전 부숙 시 잘 부스러지고 원재료를 식별하기 힘들다.
- 색깔: 종류에 따라 다양하나 보통 검은색으로 변하고, 퇴비더미 속(혐기상태)에서 부숙된 것은 누런색을 띤다.
- 냄새: 종류에 따라 다양하나 볏짚이나 산야초 등은 완숙 시 퇴비 고유의 향긋한 냄새가 나고 가축분뇨는 악취가 사라진다.

(2) 온도검사

- 퇴비 제조 시 퇴비 온도가 60~80℃ 전후까지 상승하게 되면 2주 간격으로 뒤집기를 한다. 이때 완숙된 퇴비는 뒤집기 후 온도변화가 거의 없고, 미부숙 퇴비는 30℃ 이상 온도상승이 일어난다.
- 농가에서 가장 쉽고 용이하게 퇴비부숙이 완료되는 시점을 알 수 있다.

(3) 돈모(돼지털)장력법

- 돈분을 이용해 퇴비를 제조할 때 그중 함유된 돈모의 장력을 통해 퇴비
  부숙도를 판정한다.

  ─미숙: 잘 끊어지지 않음

  ─중숙: 힘 있게 잡아당기면 끊어짐

  ─완숙: 돼지털의 탄력이 없어지고 잡아당기면 쉽게 끊어짐

표 6. 볏짚 및 산야초 퇴비 부숙도 판별법

구 분	미 숙	중 숙	완 숙
색 깔	황갈색	갈 색	암갈색
탄력성	없 음	거의 없음	다소 있음
악 취	많 음	다소 있음	없 음
손 촉감	거 침	다소 거침	부드러움
강도(손으로 비틀 때)	안 끊어짐	잘 끊어짐	쉽게 끊어짐

※ 완숙 후에는 수분 40~50%(손으로 꼭 쥐어서 물기가 배어 나오지 않는 정도)가 된다.

표 7. 가축분퇴비의 부숙도 판별법

색 깔	황~황갈색(2), 갈색(5), 흑갈색~흑색(10)
형 상	원료의 형태유지(2), 상당히 붕괴(5), 형태를 알 수 없음(10)
악 취	원료냄새 강(2), 원료냄새 약(5), 퇴비냄새(10)
수 분	70% 이상(2), 60% 전후(5), 50% 전후(10) · 수분 70% 이상: 손으로 움켜쥐면 손가락 사이로 물기가 많이 나옴 · 수분 60% 전후: 손으로 움켜쥐면 손가락 사이로 물기가 약간 나옴 · 수분 50% 전후: 손으로 움켜쥐면 손가락 사이로 물기가 스미지 않음
부숙 중 최고온도	50℃ 이하(2), 50~60℃(10), 60~70℃(15), 70℃ 이상(15)
부숙 기간	· 가축분 자체: 20일 이내(2), 20일~2개월(10), 2개월 이상(20) · 축분 + 농산부산물: 20일 이내(2), 20일~3개월(10), 3개월 이상(20) · 축분 + 톱밥 등: 20일 이내(2), 20일~6개월(10), 6개월 이상(20)
뒤집기 횟수	2회 이하(2), 3~6회(5), 7회 이상(10)
통 기	통기 안 함(2), 통기함(10)
점수합계	미숙: 30점 이하, 중숙: 31~80점, 완숙: 81점 이상 ※ 각 항목에서 선택한 내용의 ( ) 안의 합계를 계산한다.

Ⅲ. 녹비작물의 이용

1. 녹비작물의 효과

➕ 토양 물리성 개선

- 토양의 입단 형성: 유기물을 투여함으로써 토양이 부드러워지고 보수성이 좋아진다.
- 침투성 개선: 심근성인 화본과 녹비작물의 뿌리는 토양에 깊게 뻗어 가므로 토양을 경운하는 효과를 주어 배수성을 개선한다.

➕ 토양 화학성 개선

- 보비력 증대: 토양에 섞인 녹비작물은 미생물에 의해 분해되어 부식되고, 부식에는 칼슘, 마그네슘, 칼륨, 암모니아태질소를 유지하는 힘이 있어 토양의 보비력이 증대된다.
- 염류집적 억제: 토양에 집적된 염류를 녹비작물이 흡수함으로써 염류집적을 방지한다.
- 질소 고정: 콩과의 녹비작물은 근균류의 활동으로 공기 중의 질소를 고정하여 토양을 비옥하게 한다.

➕ 토양 생물성 개선

- 풍부한 토양미생물상 형성: 녹비작물 뿌리의 분비물과 갈아엎은 녹비를 먹이로 이용하여 유용 미생물 밀도가 상승한다.
- 병해충 억제: 주작물과 녹비작물의 윤작을 체계화함으로써 기지현상이 예방되고 선충과 토양 병해를 억제한다.

✚ 환경개선 효과

- 경관 미화: 콩과 및 십자화과는 토양개량과 함께 아름다운 꽃을 볼 수 있어 주위의 경관을 아름답게 한다.

2. 배추재배에 유용한 녹비작물

✚ 호밀(Rye)

(1) 특성

- 내한 · 내설성이 우수하여 고랭지채소의 후작으로 적합하다.
- 이른 봄의 저온신장성이 우수하고, 강풍으로부터 표토를 보호한다.

호밀

호밀 종자

- **파종기**
  - 고랭지: 4~5월, 8~9월
  - 일반지, 제주도: 3~4월, 10월~12월
- **파종량**: 12~18kg/10a(산파)

- **갈아엎기**: 초장 1m 정도
- 양분이 없는 개간토의 경우 질소, 인산, 칼리 각 5kg/10a 필요

(2) 호밀의 이용

- 고랭지 배추에 이용(고령지농업연구센터, '06)
  - 고랭지 채소 재배지에서 동계 휴한기에 호밀을 재배하여 채소 재배 전에 토양에 환원처리하면 잡초방제 효과가 높다.
  - 후작물 재배 전 땅어 갈아엎는 것보다는 호밀 잔사로 토양을 피복한 것이 잡초 방제효과가 더 좋다.
  - 피복효과는 작물의 정식, 파종 후 50일까지 높다.
- 봄배추 이용 예(전라남도농업기술원, '08)
  - 호밀을 11월 9일 파종하여 배추 정식 20일 전에 호밀 전량 (722kg/10a)을 갈아엎고 부족한 비료는 유기질비료를 보충하여 봄배추를 재배하였을 때, 관행재배구보다 수량이 10.3% 더 높았다.
  - 호밀 녹비재배로 토양 내 유기물 함량이 22.0g/kg에서 23.1g/kg으로 증가하였다.
  - 호밀 녹비재배로 무기질 비료(질소 12.3kg, 인산 7.9kg, 칼리 25.1kg/10a)를 대체하였다.
  - 유기배추 토양관리를 위해서 겨울철에는 호밀을 재배하고 여름철에는 콩을 재배하는 것이 토양비옥도 증진에 유리하다.
- 토양의 유기물함량은 관행구 19.2g/kg 호밀재배구 23.4g/kg로 호밀재배구가 높았고 뿌리혹병은 호밀재배구가 관행보다 70% 경감되었다(다음 그래프 참조).

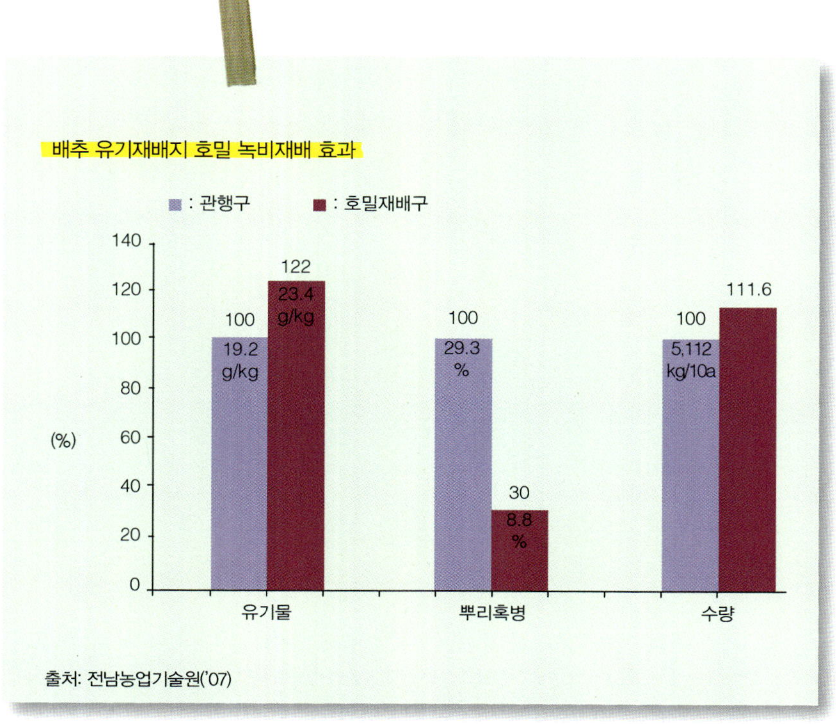

✚ 콩

(1) 콩의 특성 및 이용

- 가을배추 재배 전 여름에 콩을 재배하여 토양에 환원하면 좋은 유기물 원으로 활용할 수 있다.
- **파종기**: 6월 하순(앞그루작물(전작물) 수확 직후)
- **파종량**: 5~6kg/10a(콩의 굵기에 따라 파종량 조절)
- **갈아엎기**: 9월 상순(최소한 뒷그루작물(후작물) 정식 2주 전까지)
- 토양과 재배여건에 따라 차이가 있으나 녹비 건물수량은 995~1,050/kg 이다.

작물별	파종기	파종량	수확기	건물수량 (kg/10a)	비료 대체량(kg/10a)		
					질 소	인 산	칼 리
호밀	11월 상순	16	4월 상·준순	722~1,497	12.3~21.0	7.9~9.5	25.1~30.7
콩	6월 하순	6	9월 상순	995~1,050	30.7~32.3	6.3~6.7	13.1~14.0
메밀	6월 하순	3	9월 상순	213~221	5.0~5.2	1.8~1.9	7.5~7.8

※ 호밀의 수량 차이가 많은 것은 재배연도 간의 차이와 시기를 달리 수확했기 때문이다.
출처: 전라남도농업기술원('06~'08)

- 녹비재배지와 관행토양의 토양화학성을 비교해보면 pH는 녹비재배구가 6.47로 관행 5.84보다 높았으며 유기물함량은 녹비재배구 23.05g/kg으로 관행 20.88g/kg브다 높았다(표 9).
- 유효인산함량은 녹비재배구가 관행재배구보다 낮아졌으며 CEC는 약간 높아졌으며 EC는 관행 1.68ds/m에서 녹비재배구 0.21ds/m로 낮아져서 토양 이화학성이 거선되는 것을 볼 수 있었다(표 9).

표 9. 녹비재배지와 관행 토양의 시험 후 화학성

구 분	T-N (%)	pH (1:5)	OM (g/kg)	유효인산 (mg/kg)	치환성(cmol$^+$/kg)			CEC (cmol$^+$/kg)	EC (dS/m)	석회 요구량 (kg/10a)
					K	Ca	Mg			
녹비 재배	0.09	6.5	23.05	568.0	1.08	5.09	1.88	11.73	0.21	16.25
관행구	0.14	5.8	20.88	619.7	1.15	3.83	1.85	11.50	1.68	32.50

출처: 전라남도농업기술원('06~'08)

표 10. 작부체계별 봄배추 생육 및 수량

처 리	주폭 (cm)	엽장 (cm)	엽폭 (cm)	주중 (g)	수확 주율(%)	수량 (kg/10a)	상품수량 (kg/10a)	상품수량 지수
봄배추+가을배추	54.2	30.6	25.0	2,676	64.5	5,692	5,112	100
호밀+봄배추+콩+가을배추	55.4	29.6	25.3	2,574	74.6	6,338	5,704	111.6
호밀+봄배추+메밀+가을배추	54.8	30.2	24.9	2,570	74.5	6,317	5,685	110.7
봄배추+콩+가을배추	54.3	30.7	25.2	2,683	64.2	5,682	5,102	99.8

출처: 전라남도농업기술원('07)

✚ 헤어리베치(Hairy vetch)

(1) 헤어리베치의 특성

- 질소함량이 높아 비료화 정도가 높고 분해속도가 빠르다.
- 내한성이 호밀처럼 강하다.
- 토양유실방지 및 잡초발생 억제효과가 크다.
- 봄철에는 보라색의 꽃이 아름다워 경관작물로 좋다.

헤어리베치

헤어리베치 종자

- **파종기**: 9월 하순~10월 상순(일찍 심을수록 유리)
- **파종량**: 3~5kg/10a
- **갈아엎기**: 후작물 심기 1~2주 전 토양 혼화처리

(2) 헤어리베치의 이용(고령지농업연구센터, '04)

- 고랭지에서 휴한기에 헤어리베치를 이용하여 토양 피복을 한 경우 관행대비 27~80%의 토양유실 경감효과가 있었다.
- 다음 작기 배추정식 10일 전 헤어리베치의 토양 환원 시 건물량을 기준으로 하여 419~1,219kg/10a의 유기물 공급효과와 15~41kg/10a의 질소 공급효과가 있었다.

- 국내에서 겨울철 녹비작물로 활용성이 높은 품종은 Hungvillosa,
  Ostasst 등이다(국립농업과학원, '05).

Ⅳ. 윤작의 이용

- 윤작은 유기재배의 기본으로 토양건전성 유지 및 증진에 필수적 실천
  사항이다.
- 윤작의 핵심은 품종과 유전적 관련성이 적은 작물을 선정하는 데 있다.
- 무사마귀병, 시들음병 등 토양병이 상습적으로 발생하는 곳에는 십자
  화과 이외의 작물과 3년 이상 윤작하는 것이 좋다.
  예) 고랭지의 무사마귀병 다발 지역에서 감자, 콩, 양파 등을 3년간 윤
     작한 경우, 병의 발병지수가 배추 연작지의 발병지수보다 90% 정
     도 떨어졌다. 다른 작물을 적어도 3년 이상 키웠을 때 효과가 컸다
     (고령지농업연구센터, '04).
- 남부 해안지역 배추 후작 재배에 적합한 작목(전라남도농업기술원, '06)
  − 배추 후 작물의 경우 소득은 고구마 > 참깨, 옥수수 > 땅콩 순으로
     높았다.
  − 무사마귀병이 발생한 지역은 메밀을 재배하는 것이 유리하였다.

표 11. 전남 해안지역 봄배추 후작물의 소득비교

작물명	곡실 수량 (kg/10a)	부산물 수량 (kg/10a)	원/10a		
			조수익	경영비	소 득
콩	167	293	668,000	193,720	474,280
땅 콩	165	254	940,500	422,700	507,800
옥수수	646	891	807,500	226,100	581,400
참 깨	56	123	840,000	190,080	649,920
메 밀	65	156	650,000	188,500	461,500
고구마	1,524	324	1,291,200	633,200	658,300

출처: 전라남도농업기술원('06)

V. 토양관리를 위한 유기자재의 활용

1. 토양 양분 공급 유기자재

- 토양에 투입되는 유기자재는 토양의 수분, 기공과 산도 등이 정상범위에 있을 때만 제 역할을 할 수 있다. 즉, 토양을 건전하게 가꾼 상태에서 적절한 효과를 줄 수 있다.

- 전통적인 토양관리 방법이 아닌 생물학적·과학적 원리에 기초하여 개발된 토양처리제의 경우 대개 가격이 높으므로 경제성을 검토한 후 사용한다(ATTRA, '01).

- 따라서 농민들은 제품을 이용하기 전에 소면적 시험을 통해 농장 내 토양에서의 효과를 확인한 후 이용하는 것이 현명하다.

✚ 질소

- 전 생육기간 동안에 가장 중요하며 최소 요구량은 퇴비와 녹비로 충분하나 작물이 성장하면서 많은 양의 질소를 요구한다.
- 질소원으로 퇴비, 구아노, 생선액비, 혈분 등이 있다.

✚ 인산

- 퇴비와 녹비를 기본적으로 이용한다.
- 유기농 재배를 위해 인광석이나 구아노 골분과 같이 인산을 함유한 자재를 이용할 수 있다.
- 가축분을 원료로 하는 퇴비인 경우 인산함량이 높아 적정량을 시용하여야 한다.
- 모든 인산원들은 카드뮴 함량이 높지 않아야 한다.

✚ 칼리

- 배추의 경우 요구량이 크다.
- 퇴비, 유기 축사에 이용한 짚, 화강암 분말, 랑베이나이트(Langbeinite), 해조분, 나뭇재(플라스틱이나 칼라종이에 오염되지 않은 것) 등을 이용할 수 있다.

✚ 미량영양소

- 미량영양소 중 붕소, 마그네슘, 몰리브덴, 철 등이 중요한 영양소이다.
- 유기물 함량이 적절히 있는 토양은 이와 같은 영양분을 충분히 공급할 수 있으나, 부족한 경우 퇴비와 해조제품 등이 미량원소를 공급해줄 수 있다.

2. 유기자원의 특성 및 질소무기화 비율

- 질소 무기화율은 요소의 무기화율을 100으로 하였을 때 상대적으로 무기화된 비율을 말하며 C/N율(탄질률)이 낮을수록 빨리 분해 이용된다.

표 12. 유기자원별 특성 및 질소무기화 비율

구 분	헤어리베치	쌀겨	자운영	채종유박	호밀	볏짚퇴비	돈분왕겨퇴비	볏짚
T-N(건물,%)	3.7	2.6	2.2	5.7	1.2	1.8	2.4	0.5
수 분(%)	75.1	9.8	77.5	0.5	73.6	75.3	40.8	9.9
C/N율	12.0	18.5	17.3	8.7	37.0	14.2	14.9	78.2
질소 무기화율(%)	100	100	91	86	60	58	55	29

출처: 국립농업과학원('05)

- 질소의 공급량을 계산하는 방법은 다음과 같다.
  ① 토양검정을 통하여 질소 추천량을 확인한다.
  ② 작물잔사 및 녹비작물의 생체량을 조사하고 질소함량을 분석하여 공급가능한 질소의 양을 계산한다.
  ③ 허용자재를 선택하여 질소함량을 분석한다.
  ④ 허용자재의 무기화율을 고려하여 유기자원 시용량을 결정한다.
  ⑤ 유기자원 시용량 계산방법(질소 기준)

유기물 시용량(kg/10a)

$$= \frac{\text{검정시비량(kg/10a)} - (\text{녹비질소 공급량(kg/10a)} \times \text{무기화율(\%)})}{\text{자재 건물함량(\%)} \times \text{자재 질소함량(\%)} \times \text{무기화율(\%)}}$$

- 헤어리베치를 전년도 10월 초에 파종하고 이듬해 4월 초에 수확하여 5월 초에 배추를 정식하고자 한다. 유기자원으로 채종유박을 시용하려고 하는데 질소를 기준으로 할 경우 얼마를 시용하면 될까? (단, 헤어리베치를 수확한 지상부의 생체 무게는 1,500kg/10a이고 토양분석을 통한 질소검정시비량 19kg/10a이었다.)

정답) 106kg/10a

해설) 채종유박 시용량(kg/10a)

$$= \frac{19-(1500 \times (100-75.1)/100 \times 3.7/100 \times 100/100)}{(100-0.5)/100 \times 5.7/100 \times 86/100} = 106(kg/10a)$$

① 토양검정질소시비량(kg/10a)

② 헤어리베치의 녹비수량(kg/10a)

③ 헤어리베치의 수분함량(%)

④ 헤어리베치의 질소함량(건물%)

⑤ 헤어리베치의 질소무기화율(%)

⑥ 채종유박의 수분함량(%)

⑦ 채종유박의 질소함량(건물%)

⑧ 채종유박의 질소무기화율(%)

Part 04

재배 관리

Ⅰ. 재배 작형

- 배추는 연중 생산체계가 확립되어 1년 내내 파종, 수확하고 있으나 각 작형마다 생산이 불안정하여 해에 따라 생산성의 차이가 있다.
- 품종의 특성에 따른 재배적기보다 이르게 또는 늦게 파종하는 경우에 추대 및 병해충 발생 등이 심해져 문제가 된다.

표 1. 작물별 발아온도

작 형	파종기(월)	수확기(월)	재배지역
가을조기재배	7중~8상	9하~10중	경기 북부
가을재배	8중	10하~11중	전국
늦가을재배	8하~9상	11상~12상	남부 해안
월동재배	8하~9중	1상~2하	남부 해안, 제주도
하우스재배	11중~1중	3상~5상	남부, 중부
터널재배	1하~2중	5상~5하	전국
봄노지재배	3상~4하	6상~7상	전국
준고랭지재배	4하~7중	7상~9상	해발 400~600m
고랭지재배	5중~7상	7하~9상	해발 600~800m

출처: 국립농업과학원, 2002 표준영농교본

1. 가을재배

- 파종적기보다 일찍 파종하면 바이러스병 및 뿌리마름병이 발생할 수 있으므로 되도록 적기에 파종한다.
- 수확기에 석회결핍증이 발생할 수 있으므로 석회결핍에 강한 품종을 선택한다.
- 바이러스병, 무름병, 뿌리마름병, 세균성흑반병 등 병해충을 방제한다.

- 파종적기보다 일찍 파종하면 바이러스병 발생이 많아진다.
- 월동 전에 지나치게 결구되면 노화와 추대가 빠르다.
- 파종기가 늦어지면 완전히 결구되지 않고 추대하는 경우가 있다.
- 토양이 건조할 경우 석회결핍증 발생이 심해지므로 수분 관리에 신경 쓰고 12월 상순경에는 배추를 묶어 동해를 방지한다.

3. 하우스 · 터널재배

- 만추대성 품종을 선택하고 육묘 시 야간 최저 온도를 13℃ 이상이 되도록 보온한다.
- 양분 흡수가 원활하고 토양이 과습하지 않도록 수분관리에 유의하여 석회나 붕소결핍증을 예방한다.
- 생육후기에는 노균병, 수확기 무렵에는 무름병 및 밑동썩음병에 주의해야 한다.

4. 봄 노지재배

- 만추대성이면서 내병성 및 석회, 붕소결핍증에 강한 품종을 선택하고 적기에 파종한다.
- 파종기가 적기보다 이를 경우 정식 시기도 앞당겨져 저온에 의해 꽃눈이 형성되어 추대한다.
- 파종기가 늦어지면 결구기에 고온이 되어 무름병, 바이러스병, 노균병

의 발생이 심해진다.

5. 고랭지 비가림재배

- 방충비가림시설로 유기재배 관리를 하면 노지채소보다 구중과 수량이
  증가하고 품질이 향상된다.
- **시설**
  - 상부는 비가림을 설치하고, 좌우는 방충망(450메시 망)을 설치하여
    해충의 유입을 억제한다.
  - 50% 이상의 고정식 차광은 생육지연을 가져오므로 주의하며, 좀나방
    등의 해충의 유입을 차단하기 위해 방충망 틈새를 철저히 보완한다.
- **토양**
  - 유기물함량이 약 8%인 식양토에 재배하거나 유기물함량이 많은 토
    양 선택한다.
  - 태양열소독을 하고 투명비닐로 토양을 피복하여 잡초를 방제하고,
    해충발생을 경감한다.
- **관수**: 점적관수
- **시비**: 질소질, 인산질 및 칼리질 천연유기농자재를 활용한다.
  - 항생제가 없는 계분퇴비 2톤/10a + 표준시비량 수준의 구아노, 인광
    석, 황산가리고토를 시용한다.
  - 계분 시용량이 2톤 이상에서 당도가 낮아지므로 고품질 생산을 위해
    지나친 퇴비의 시용을 삼가야 한다.
- **병해충관리**: 방충용 부직포막 덮기 또는 부직포터널을 이용한다.
  - 진딧물, 배추좀나방 등이 발생할 때 유기농자재로 방제한다.

＋ 봄배추 조기재배

- **파종기**: 2월 초
- **정식기**: 3월 초(재식거리: 60×35cm)
- **수확기**: 5월

남부 해안지역 멀칭 조기재배 광경

멀칭 후 비닐 터주기

노지 봄배추 생육

- **시비**
  - 밑거름: 질소, 인산, 칼리를 토양조건에 맞게 투입한다(정식 2주 전에 유기질비료로 시용하여야 가스 피해를 줄일 수 있음).
  - 웃거름: 질소, 칼리 등을 유기자재를 이용하여 공급한다(정식 후 20일에 포기 사이에 멀칭을 뚫고 시용).
- 정식과 동시에 비닐멀칭을 해주고 생육 정도에 따라 비닐을 터준다.
- 노지 봄배추 멀칭재배 시 관행재배보다 20% 증수되었다.

✚ 봄배추 후작물 재배

- 봄배추 수확이 끝난 후 후작물로 적합한 작목으로 콩, 땅콩, 옥수수, 참깨, 메밀, 고구마를 재배한다.

표 2. 봄배추 후작물의 재배개요

재배작물	품 종	파종기	재식거리(cm)	수확기	비 고
콩	검정콩	6월 2일	30×30	9월 18일	
땅 콩	밀양33호	6월 2일	30×20	8월 26일	밑거름으로 우분퇴비 2톤/10a 사용, 다른 비료원은 시용하지 않음
옥수수	검정찰옥수수	6월 2일	60×30	8월 20일	
참 깨	광산깨	6월 2일	20×10	8월 28일	
메 밀	작은메밀	6월 2일	산파	9월 15일	
고구마	신율미	6월 4일	60×30	9월 10일	

✚ 월동배추 재배

- **파종**: 8월 하순에 플러그 포트에 파종하여 육묘한다.

- **정식**: 9월 20일 (재배간격: 60cm×35cm)

- 밑거름은 토양검정을 통해 필요한 만큼 질소, 인산, 칼리를 유기자재를 이용하여 공급하고 정식 후 15일 후부터 웃거름으로 질소, 칼리 등의 양분을 공급해 준다.

- **수확**: 12월 수확이 가능하나 일반적으로 겨울을 지나 이듬해 1~2월에 수확한다.

7. 전남 중산간지 재배

- 전남지역 중산간지 배추 2기작 재배 시 봄 작형은 4월 중하순부터 5월 상순까지 기상여건을 고려해 정식하고 가을 작형은 8월 상순에 정식하는 것이 추석 전후 출하가 가능하여 경제성 면에서 유리하다.

- 봄 재배 시 추대가 되지 않도록 육묘조건을 조성하고 품종 선택에 유의
  해야 한다.

재배 시기	파종기	육묘 기간	정식기	수확기	재배 지역
봄배추	3월 중순	30일	4월 중순	5월 하순~6월 상순	화순, 이서 · 북면, 장흥 유치, 순천 외서
봄배추	4월 상순	25~30일	5월 상순	6월 중순~7월 상순	
가을배추	7월 상순	25	8월 상순	9월 하순~10월 중순	
	7월 중순	25	8월 중순	10월 상순~11월 상순	

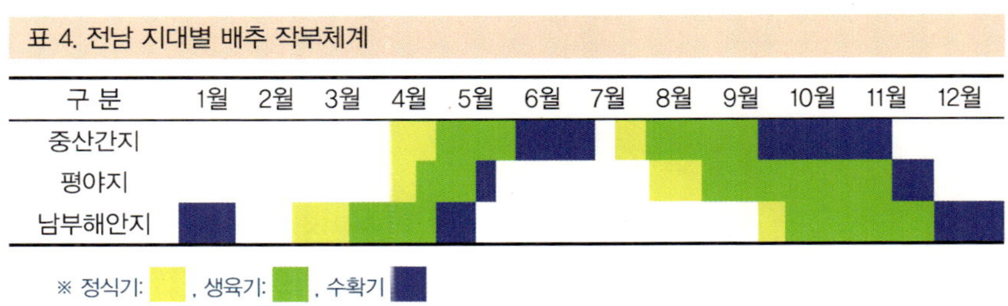

Ⅱ. 물 관리

- 뿌리에서 흡수된 물은 식물체 내에서 흡수된 양분의 대사 작용에 관여
  하기도 하고, 광합성에 직접 관여하여 작물이 정상적으로 생육하게 하
  므로 농작물 재배 시 매우 중요한 요인이 된다.
- 식물체의 수분흡수는 토양에 있는 물을 뿌리를 통하여 흡수하는 것이
  보통이나 대기 중의 습도가 아주 높은 때는 잎을 통해서 물을 흡수하기
  도 한다.

- 배추는 성분의 90~95%가 수분으로 구성되어 있으며 다량의 수분을 요구하는 작물이다.
- 배추는 건조에 약하여 생육초기에 가물면 생육이 억제되어 수량이 급격히 감소한다.
- 파종 후 40~50일경 결구초기에 수분을 가장 많이 필요로 한다.
- 결구가 시작되는 때 가장 많은 수분을 요구하며 1일 200kg/10a 이상의 무게가 증가하므로 건조하지 않게 관수한다.
- 배추 정식 후 활착기에는 충분히 관수하고, 활착 이후에 작토층의 토양수분을 −30~−50kPa로 관리한다.
- 8~9월 가뭄이 계속되는 해에 관수에 신경 쓴다.
- 점적관수관은 생육이 진전됨에 따라 재식부위에서 떨어지게 하고 점적공의 간격이 좁은 것을 추천한다.
- 식양질 토양은 여러 번에 걸쳐 소량 관수하여 토양수분을 조절한다.
- 토양이 건조하면 석회결핍증 등 생리장해의 발생이 심해지고 구가 작아지며, 너무 습하면 무름병 및 뿌리마름병의 발생이 심해지고 배추의 중륵(흰줄기부분)이 두꺼워져 상품성이 저하된다. 특히 수확기에 과습하면 밑동썩음병 발생이 심해진다.
- 품종에 따라 수분요구도가 다르므로 품종의 특성을 잘 파악하고 재배한다.

····· 유기재배지에서 물 관리의 기본은? ·····························

※ 효과적인 작물 생산과 수질 보호를 위해 토양유기물과 토양생물들의 활동이 중요하다. 이를 위해 다음 사항을 고려한다.
- 토양 유기물을 증가시킨다.
- 유거수 발생과 바람이나 물에 의한 침식을 방지할 수 있는 보존방법을 이용한다.
- 작물재배지와 물의 발원지 사이에서 양분과 토사의 이동방지를 위해 완충지를 만든다.
- 관개수를 관리하고 모니터링 하며 양분흡수를 증대시키는 방법을 시행하고 양분의 용탈을 경감시킨다.

Ⅲ. 온도와 광 관리

1. 온도 관리

- 배추는 호냉성으로 서늘한 기후에서 잘 자라는 채소이다.
- 생육 초기에는 비교적 높은 온도에서 잘 자라나 결구가 시작되면 고온에 약해져 결구가 불량하고 정상적 생육이 불가능하다.

✚ 온도가 생육에 미치는 영향

- 성장에 적합한 온도는 18~20℃이다.
- 결구에 적합한 온도는 15~18℃이며 결구하는 데 가장 낮은 온도는 4~5℃ 정도다.
- 동해를 입는 온도는 −8℃ 정도이며 갑자기 추워질 경우에는 −3℃ 정도에서도 피해를 입을 수 있다.
- 배추는 종자 춘화형 식물로 13℃ 이하의 저온에 감응하여 추대할 수 있으므로 일반재배에서는 저온에 노출되지 않도록 관리한다.
- 일정 기간 저온에 노출된 경우 고온에 접하면 추대될 수 있다.

표 5. 배추 생육시기별 온도관리 범위

생육 시기	적정 온도
종자 발아적온(파종)	20~25℃
육묘적온	20~22℃
개화적온	12℃
생육적온	18~20℃
결구적온	15~18℃
저장적온	0~3℃

출처: 국립농업과학원, 2002 표준영농교본

2. 광 관리

- 어린잎과 노숙잎은 광에 대한 반응이 둔하고 성숙한 잎에서는 반응이 민감하다.
- 강한 햇빛에서 광합성량이 증가하고 생육에 필요한 물질 생성도 촉진된다.
- 생육 초기에는 광을 충분히 받을 수 있도록 한다.
- 결구기에는 강한 광보다 약한 광이 유리하며, 이때 필요한 일장 시간은 8시간 정도이다.

Part 05

병해충 및 생리장해

1. 노균병(Downy Mildew)

✚ 병원균 및 병징

- 병원균: *Peronospora brassicae*
- 병원균의 생육범위는 1~19℃이며 적온은 10~15℃이다.
- 번식체인 포자낭은 공기 중으로 쉽게 퍼지며 다습할 때 발생이 심하다.
- 전 생육기에 발생하며 초기에는 잎 표면에 부정형의 퇴록 반점이 생기고 담황색을 띠는데, 주로 아래쪽 잎부터 발생한다.
- 잎 뒷면에는 하얀 이슬 같은 곰팡이가 다량 형성되며 병든 잎은 갈색으로 변해 썩고 말라 죽는다.

배추 노균병

✚ 발생조건 및 전염경로

- 병원균은 병든 식물체나 병든 토양에서 난포자 상태로 월동하며, 발병 적온에서 상대습도가 96~100%일 때 수시간 내에 식물체를 침입한다.

- 오전 10시까지 잎에 이슬이 맺혀 있는 기간이 3~4일 지속되면 심하게 발병한다.

✚ 방제방법

- 병든 잎은 초기에 제거하여 불에 태우거나 땅속 깊이 묻는다.
- 재배지를 청결히 하고 잎에 물방울이 장시간 맺혀 있지 않도록 관리한다.
- 환기를 철저히 하고 토양이 과습하지 않도록 한다.
- 난황유나 베이킹파우더를 이용한다.

2. 검은무늬병(Black Spot)

✚ 병원균 및 병징

- 병원균: *Alternaria brassicae*
- 초기에는 잎에 원형의 검고 작은 반점을 형성한다.
- 병반의 주위는 황색을 띠고, 진전됨에 따라 겹둥근무늬로 확대되고, 심하게 진전되면 잎이 누렇게 변해 말라 죽는다.
- 병원균의 생육적온은 22~24℃이고, 포자는 단독 또는 2~3개가 연쇄로 형성되며 황갈색 혹은 흑갈색을 띤다.

✚ 발생조건 및 전염경로

- 병원균은 종자나 병든 잎에서 균사 혹은 분생포자의 형태로 생존하다가 분생포자를 형성하여 공기전염 한다.
- 시설재배보다는 노지에서 8~10월경에 많이 발생한다.

✚ 방제방법

- 50℃의 물에서 25분간 종자 소독한다(온도와 시간을 엄수해야 종자 피해를 줄일 수 있다).
- 건전한 이식묘를 이용한다.
- 병 발생이 심한 경우 적어도 3년 이상 십자화과가 아닌 작물로 윤작한다.
- 이병 잔사물을 수확 이후에 철저히 분리수거하여 폐기한다.
- 난황유와 식물추출물 혼합액을 이용한다.

3. 무름병(Soft Rot)

✚ 병원균 및 병징

- 병원균: *Pectobacterium carotovorum*
- 잎의 밑동에 처음에는 수침상의 반점으로 나타나고, 진전되면 담갈색 내지 회갈색의 부정형 병반으로 변해 썩기 시작하여 점점 위쪽으로 진전된다.
- 감염 부위는 물러져 썩고, 악취가 난다.
- 심하게 병든 그루는 전체가 물러 썩는다.

✚ 발생조건 및 전염경로

- 피해가 심한 병으로 가을배추의 경우는 결구기 이후 초가을의 온도가 높을 때, 고랭지 배추의 경우는 7~8월 고온기에 발생한다.
- 병원균은 식물의 표피를 직접 뚫고 침입하지 못하며 주로 관개수, 빗물, 토양곤충 등을 통해 식물체의 상처 부위로 침입한다.
- 토양병원균이므로 연작에 의해 토양 내 병원균의 밀도가 증가하면 발병하기 쉽다.
- 토양해충(벼룩잎벌레, 거세미나방, 고자리파리 등) 및 선충에 의해 상처가 발생하였을 때 다발생 된다.

✚ 방제방법

- 품종에 따라 병 발생 정도에 차이가 있으므로 저항성 품종을 재배한다.
- 병 발생이 심한 곳은 3~4년간 콩과작물로 윤작한다.
- 가능한 배수가 좋은 땅에 재배한다.
- 병든 식물은 일찍 제거하고 수확 후 이병 잔재물이 포장에 남아 있지 않게 한다.

4. 뿌리혹병(무사마귀병, Club Root)

✚ 병원균 및 병징

- 병원균: *Plasmodiophora brassicae*
- 생육초기에 감염된 그루는 잎이 전체적으로 푸른 상태로 시드는 증상을 나타내며, 생육 중기 이후에 감염된 그루는 주로 아래쪽의 잎만 시드는 증상을 나타내거나 시드는 증상을 별로 나타내지 않기도 한다.
- 병든 그루의 뿌리는 이상비대되어 작거나 큰 부정형의 혹이 여러 개 형성되고, 형성된 혹의 모양은 식물체의 생육단계 및 감염 정도에 따라 다르게 보인다.

배추 뿌리혹병

배추 뿌리혹병 발생 포장

✚ 발생조건 및 전염경로

- 토양이 산성일 경우에 많이 발생하고 중성과 알칼리성에서는 발생이 현저히 감소한다.
- 토양수분이 적을 경우에는 포자 발아가 억제되고 건조에 대한 저항성이 약하여 45% 이하의 습도에서는 사멸한다.
- 지온과 기온이 18~25℃일 때 발병이 가장 많다.

✚ 방제방법

- 최소 7년 정도 십자화과가 아닌 작물과 윤작한다.
- 농기계, 관개수, 하천범람 등으로 인한 전염을 철저히 억제한다.
- 저습지 재배를 피하고 버수를 좋게 하며 높은 이랑재배를 실시한다.
- 산성토양에 발생이 심하므로 정식 전에 고토석회를 시용하여 토양산도를 높여준다.
- 저항성 품종을 선택하여 재배한다(저항성품종: CR노랭이, CR농심, 진청, 불암플러스, CR입춘, CR맛, CR명품, CR황록).

II. 충해 관리

1. 배추좀나방

✚ **해충의 특성 및 피해증상**

- 학명: *Plutella xylostella*
- 이른 봄부터 가을에 걸쳐 잎 면에 맑은 녹색의 작은 유충이 가해를 하여 불규칙한 구멍이 생긴다.
- 유충은 어린잎의 엽육을 먹으며 표피가 희게 보이므로 이를 보고 이 벌레의 피해인 것을 알 수 있다.

✚ 발생생태

- 성충의 크기는 6mm 내외로 날개를 편 길이가 12~15mm이고 날개를 접으면 등에 다이아몬드 무늬가 있다.
- 성충은 주로 낮에 활동하지만, 야간 불빛에도 잘 유인된다.
- 연간 수십 세대가 나타나며, 5~6월과 10~11월경 많이 발생하며, 여름철에는 개체수가 격감한다.
- 알, 유충, 성충의 단계를 거치며, 알에서 성충이 되기까지 기간이 20~25일 정도로 매우 짧고, 산란수가 많아 방제를 하여도 곧 다시 발생하게 된다.

✚ 방제방법

- 재배지 주변에 있는 십자화과 잡초들이 해충의 서식처가 될 수 있으므로 제거해준다.
- 애벌레와 번데기를 제거하기 위해 잔사와 함께 토양을 경운한다.
- 미생물제(비티제)를 이용한다(가을 작기의 경우 따뜻한 날 오전에 이용한다).
- 님(Neem) 오일 제품을 이용한다.
- 저항성 발현의 예방을 위해 다양한 자재들을 번갈아 사용한다.

- 난황유와 비티제 혼합둘을 이용한다.
- 곤충병원성 선충을 이용한다.

✚ 해충의 특성 및 피해증상

- 학명: *Artogeia rapae*
- 4~5월경부터 가을에 걸쳐 발생하고, 잎 위에 녹색의 유충이 불규칙적인 무늬로 가해하며 심할 때는 잎맥만을 남기고 둥그렇게 된다.
- 심부를 가해하여 생육이 정지되는 경우도 있다.

✚ 발생생태

- 번데기로 월동하고, 남부지역에서는 3월 중하순경부터 우화하며 가장 번성하는 시기는 5~6월(제2세대)경이다.
- 여름에는 개체수가 현저히 감소하고 가을에 다시 늘어난다.
- 유충은 녹색의 보호색을 띠며 잎의 표면에 많이 존재한다.
- 성충의 크기는 날개를 편 길이가 50~60mm이고 전체적으로 흰색이지

만 앞날개에는 검은 반점이 2개, 뒷날개에는 1개가 있다.

✚ 방제법

- 배추좀나방의 방제 방법에 준한다.

3. 벼룩잎벌레

✚ 해충의 특성 및 피해증상

- 학명: *Phyllotreta striolata*
- 어린 묘에 피해가 많고 생육초기의 피해로 인한 구멍은 식물체가 자라면서 커져 상품 가치가 떨어진다.
- 늦은 봄부터 여름까지 피해가 심하다.

벼룩잎벌레

벼룩잎벌레 피해

✚ 발생생태

- 성충으로 월동하고 연 3~5회 발생한다.
- 낙엽, 풀뿌리, 흙덩이 틈에서 월동한 후 3월 중하순부터 출현하여 4월부터 약 한 달간 작물의 뿌리나 얕은 흙 속에 1개씩 총 150~200개의

알을 낳는다.

- 성충 밀도는 5~6월경에 증가하지만, 여름철에는 다소 줄어든다.

✚ 방제방법

- 짚이나 다른 유기물로 덜칭을 한 경우 피해를 덜 받는다.
- 배추 재배지 내 잡초를 제거하는 것이 도움이 된다.
- 트랩작물 이용: 이 곤충은 가장자리에서 재배지 쪽으로 이동하기 때문에 가장자리에 트랩을 설치하면 유용하다. 주 작물이 정착하기 1~2주 전에 갓이나 잎이 많은 십자화과 식물을 밭 둘레에 심어놓아 곤충을 유인하고, 트랩작물에서 작물포장으로 곤충이 이동하지 못하게 하여 농자재를 처리한다.
- 윤작: 가을 작기 끝에 바로 봄 작물을 심으면 해충이 옮겨갈 수 있으므로 되도록 다른 재배지에 심는다.
- **농자재 활용**
  - 날씨 좋은 날 잎벌레가 관찰되면 즉시 조치해야 한다.
  - 유기농자재 처리는 예방적 차원에서 모든 작물에 처리한다.
  - 님(Neem), 캡사이신(Capsaicin) 성분이 효과적이라고 보고되었다.
- 곤충 병원성 선충을 이용한다.

4. 양배추가루진딧물

✚ 해충의 특성 및 피해증상

- 학명: *Brevicoryne brassicae*
- 잎 뒷면이나 어린 싹에서 즙액을 빨아먹으며 각종 바이러스병을 매개한다.
- 배추의 상품성에 직접 영향을 주는 중요한 진딧물이다.

✚ 발생생태

- 연중 발생하는데 봄철에 특히 많이 발생한다.
- 이 진딧물이 다량 증식한 배추는 마치 밀가루를 뿌려놓은 것처럼 하얗게 보인다.

✚ 방제방법

- 천적인 진디혹파리를 이용한다.
- 진딧물 대발생과 천적을 이용한 방제 사이에는 시간적 격차가 있으므로 다른 유기자재 등을 함께 이용해야 한다.
- 다양한 작물을 함께 재배할 경우 진딧물이 낮은 밀도로 유지되는 동안 가루진디벌이 개체를 유지할 수 있고, 무당벌레와 진디혹파리 등이 진딧물 방제에 효과적일 수 있다.
- **비눗물**
  - 일주일에 한두 번 정도 관찰하고, 진딧물을 발견하면 비눗물을 살포한다.
  - 2~3회 반복으로 살포하고 작물 잎의 뒷면, 새순, 줄기 등 골고루 뿌린다.
- 난황유와 님(Neem)의 혼합물을 이용한다.

5. 복숭아혹진딧물

✚ 해충의 특성 및 피해증상

- 학명: *Myzus persicae*
- 이 해충은 배추의 상품성에 직접적인 피해는 크지 않지만 바이러스를 매개함으로써 피해를 준다.
- 약충과 성충이 잎 뒷면에 기생하면서 식물의 즙액을 빨아 먹는다.
- 피해받은 잎은 오그라지거나 말리며 진딧물이 분비하는 감로에 의해 그을음병이 유발되기도 한다.

복숭아혹진딧물

복숭아혹진딧물 유시충

✚ 발생생태

- 겨울기주에서 월동 후 단위생식으로 증식하다가 5월 중순 이후 새로 나온 잎에서 흡즙한다.

✚ 방제방법

- 배추가 싹트는 시기에 망사나 비닐 등으로 진딧물 유입을 차단한다.
- 채소밭 주위에 키가 큰 작물을 심어 진딧물이 날아드는 것을 줄인다.
- 콜레마니진디벌이나 진디혹파리, 풀잠자리, 무당벌레 등의 천적을 이

용한다.

- 난황유와 님(Neem)의 혼합물을 이용한다.

6. 무테두리진딧물

✚ 해충의 특성 및 피해증상

- 학명: *Lipaphis erysimi*
- 기주식물의 하위 엽 뒷면에 떼를 지어 즙액을 빨아 먹으며 흡즙 과정을 통해 10여 종의 바이러스병을 옮긴다.

무테두리진딧물

무테두리진딧물 피해

✚ 발생생태

- 6월 중순, 8월 하순, 10월 상순에 특히 많이 발생한다.
- 봄·가을 포장에 유시충이 날아와 정착하고 장마 같은 발생억제 요인이 없는 한 계속 밀도가 증가한다.

✚ 방제법

- 우리나라에 서식하는 무당벌레와 풀잠자리는 진딧물을 포식하므로 이를 천적으로 이용할 수 있다.

- 비눗물

  – 일주일에 한두 번 정도 관찰하고, 진딧물이 발견되면 비눗물을 살포
    한다.

  – 2~3회 반복으로 살포하고 작물 잎의 뒷면, 새순, 줄기 등에 골고루
    뿌린다.

- 난황유와 님(neem)의 혼합물을 이용한다.

7. 도둑나방

✚ 해충의 특성 및 피해증상

- 학명: *Mamestra brassicae*
- 봄 · 가을에 피해가 심하고 결구된 배추의 속으로 파고 들어가 식해하
  기도 한다.

도둑나방

도둑나방 배추 피해

✚ 발생생태

- 연 2회 발생하며 번데기로 겨울을 난다.
- 1회 성충은 4~6월에 주로 발생하며 여름 고온기에 번데기로 하면하고

2회 성충은 8~9월에 출현한다.

- 고랭지 저온지대에서는 한여름에도 발생이 많다.
- 어린유충은 잎 뒷면에서 잎 살만 갉아 먹지만 자라면서 잎 전체를 가해하므로 피해받은 작물은 엽맥만 남는 경우도 있다.

✚ 방제방법

- 방제 시 중요한 점은 어린 유충시기에만 감수성이 높으므로 유충 발생 초기에 방제하는 것이 좋다.
- 고치벌, 맵시벌, 깡충좀벌 같은 기생천적을 이용한다.
- 비티(BT)제, 곤충병원성 선충 등을 이용하여 방제한다.

배추친환경재배 및 병해충 방제력

출처: 전라남도농업기술원('07)

Ⅲ. 생리장해 관리

1. 조기추대

✚ 증상과 특징

- 잎 수의 부족으로 결구가 진행되지 않아 품질이 저하되고 수확량 감소의 피해를 받게 되거나 수확을 못 하게 된다.

조기추대

출처: 국립원예특작과학원

✚ 원인 및 발생환경

- 배추 시설재배 시 육묘기간 30~35일 중 5℃에서 7일, 10℃에서 14일 이상 경과하면 잎수 40매 이하에서 꽃눈이 분화하여 잎 수는 그 이상 증가하지 못하고 조기추대한다.

✚ 대책과 주의점

- 온상 내 온도는 항상 15℃ 이상이 유지되도록 해야 한다.
- 정식 후 육묘기 터널 내부 온도가 적어도 10℃ 이상이 되어야 하므로 밤에는 터널 위에 거적을 덮어주고 낮에는 추대를 억제하기 위해 고온이 되지 않도록 환기를 시켜 시원하게 해준다.
- 저온감응도가 둔한 품종을 선택해 심고 육묘일수가 35~40일 된 것으로 본잎이 7~8매 이상인 묘를 정식한다.

2. 석회결핍증

✚ 증상과 특징

- 결구잎의 둘레가 안쪽으로 구부러지고 수침상으로 부패하여 속이 비게 되므로 상품성이 없게 된다.

✚ 원인 및 발생환경

- 토양 속에 질소와 칼리 성분이 늘어나 길항작용이 생겨 석회 흡수가 억제되어 발생한다.

- 시설재배지에서 토양이 건조할 때나 과다시비 할 때 발생한다.
- 논에 하우스를 설치할 경우 토양 산도가 높은 경우 발생한다.
- 하우스 내의 온도가 낮고 관수가 불량하면 석회의 이동이 어려워져 석회 흡수량이 부족해 결핍증이 발생한다.

✚ 대책과 주의점

- 밑거름으로 석회(고토석회)를 시용하고 최소한 10일 후에 밑거름을 시용하여 갈아엎은 후 이랑을 만든다.
- 여러 번 관수하여 석회툰이 녹아 잘 흡수되게 하고 질소와 칼리 양분 투입량을 줄인다.

3. 붕소결핍증

✚ 증상과 특징

- 배추가 결구를 시작할 무렵 바깥 잎의 5~7매부터 내부 새잎의 잎자루 안쪽에 세로 또는 가로로 균열이 생기고 그 상처가 갈색으로 된다.
- 배추는 결구가 크지 않거나 심할 때는 결구하지 않는다.
- 세로로 절단 시 중심부가 갈색으로 썩어 있거나 공동이 되어 있다.

출처: 국립원예특작과학원

✚ 원인 및 발생환경

- 질소, 칼리 및 석회를 과다 시용 시 길항작용에 의해 발생한다.
- 경토나 얕은 모래땅에서 나타나기 쉽다.
- 토양이 산성일 때 가용성이 되어 강우나 관개수에 의해 붕소가 용탈되어 발생한다.

✚ 대책과 주의점

- 석회, 질소, 칼리 등을 필요 이상으로 과용하지 않는다.
- 고온기에 관수를 철저히 하여 토양이 건조하지 않게 하고 장마기에는 배수를 철저히 해서 과습되지 않게 관리한다.
- 유기물에는 붕소가 다량 함유되어 있으므로 유기물을 적절히 시용하도록 한다.

Part 06

수 화 및 수 화 후 관 리

Ⅰ. 수확

- 보통 중부지방은 11월 중·하순, 남부지방은 11월 하순에서 12월 상순 까지 수확하여 저장한다.
- 수확하기 전 10~15일경 겉잎을 싸서 묶어 주면, 서리의 피해를 막고, 갑작스러운 혹한에 의해 배추가 어는 것을 예방할 수 있다.

배추 수확 모습

배추 출하 모습

1. 봄배추

- 배추의 수확기는 품종, 환경, 영양상태 등에 따라 달라질 수 있으며 일반적으로 수확기가 너무 많이 늦어지면 배추의 중륵이 두꺼워지며 겉잎이 누렇게 변화되는 등 품질이 떨어져 상품성이 떨어진다.
- 하우스나 터널재배에서 봄배추 수확기가 늦어지면 저온기에 생긴 꽃눈이 온도가 올라감에 따라 추대할 가능성이 높아진다.
- 봄 노지재배에서는 무름병과 노균병의 발생이 심해질 우려가 있으므로 적기에 수확하도록 한다.

2. 여름배추

- 여름배추는 결구력이 약하고 생육 후기로 갈수록 무름병 등이 발생할 확률이 많으므로 결구가 70~80% 정도 진행되었을 때 수확한다.

3. 중산간지배추

- 중산간지배추는 수확이 늦어지면 장다리 발생, 석회결핍, 깨씨무늬 현상 등의 발생이 심해지며 중륵이 두꺼워져 상품성이 저하되므로 적정 수확시기에 수확해야 한다.
- 6~7월 수확은 생육기간이 짧으며, 수확 후 고온 및 과습에 의해 구의 부패가 많이 생길 수 있으므로 수확 직후 품질 및 신선도 유지에 힘쓴다.

4. 고랭지배추

- 고랭지 배추는 수확이 늦어지면 장다리 발생, 석회결핍, 깨씨무늬현상 등의 발생이 심해지며 중륵이 두꺼워져 상품성이 저하되므로 적정 수확시기에 수확해야 한다.
- 7~8월 수확은 생육기간이 짧으며, 수확 후 고온 및 과습에 의해 배추가 부패할 수 있으므로 수확 직후 품질 및 신선도 유지에 힘쓴다.

5. 월동배추

- 노지 월동배추에서는 추대, 석회결핍증 및 무름병이 발생할 가능성이 높아지므로 가능한 한 적기에 수확하도록 한다.
- 노지 월동배추의 경우 기온이 −3℃ 정도 내려가면 겉잎이 얼기 시작하는데 한 번 얼었던 잎은 그 끝이 말라죽고 줄기세포가 파괴되어 김치를 담근 후 껍질이 벗겨지는 등 품질을 크게 손상한다.
- 한 번 얼었던 배추는 곧바로 수확하지 말고 그대로 밭에 두어 기온 상승을 기다려 회복된 후에 수확한다.

Ⅱ. 수확 후 관리

1. 저장

- 배추는 −3℃ 정도의 기온에서 겉잎이 얼기 시작하고 한 번 얼었던 잎은 끝이 마르고 줄기는 세포가 파괴되어 저장 중에 바로 부패하기 때문에 얼기 전에 저장해야 한다.
- 배추 저장에 가장 적당한 온도는 0~3℃, 습도 90~95%의 저장환경 조건이 필요하나, 농가에서 간단히 하는 방법은 비닐필름을 이용하여 저장시설이나 움 저장을 이용하는 방법이다.

2. 비닐밀봉 저장

- 이 방법의 경우 비닐봉지 내에 배추의 호흡에 의해서 축적된 탄산가스의 영향으로 부패미생물의 번식이 억제되어 저장성이 향상된다.

- 수확된 배추는 뿌리를 완전히 절단하고 손상된 겉잎을 떼어낸 후 2~3일 정도 그늘지고 서늘한 곳에서 숨을 고른다.

- 0.05mm 비닐필름(폭 30cm, 길이 65cm 또는 폭 45cm, 길이 65cm)에 1포기씩 넣어 비닐봉지 내의 공기를 빼낸 후 입구를 고무 밴드로 완전히 묶어 밀봉한다.

- 뿌리가 밑으로 가도록 상자에 담아 온도가 영하로 내려가지 않도록 시설된 저장고나 비닐봉지에 넣어 완전 밀봉된 배추를 움(깊이 1m, 폭 1m, 길이 1.2m 정도)에 넣어 저장한다.

- 움의 복토는 50~60cm 높이로 하여, 움 옆에 배수로를 설치하여 배수가 잘되도록 해야 한다.

- 저장고의 온도가 10℃ 이상이 되면 배추의 호흡 열 축적에 의해 부패하기 쉬우므로 얼지 않는 범위의 저온 유지가 필요하다.

표 1. 포장방법 및 저장온도가 여름배추 저장 시 미치는 영향

| 처 리 | | 저장가능일수(일) | 저장 후 12일째의 배추상태 | | | |
포장방법	저장온도(℃)		생체중 감소(%)	감모율(%)	외관(1~9)	상품성
무포장	0~1	6	7.8	17.8	5.4	하
신문지	0~1	12	5.5	17.5	6.5	중
	3~4	–	6.7	18.8	5.3	하
	7~8	–	7.2	23.0	5.0	하
PE필름	0~1	24	0.3	11.5	8.5	상
	3~4	24	0.4	13.0	8.2	상
	7~8	12	0.4	13.3	6.9	중
대조구	상온	–	10.8	50.0	3.8	없음

※ 품종: 고랭지 여름배추(5월 10일 파종, 7월 31일 수확)
※ 저장기간: 1997년 8월 1일 ~ 25일
※ 외관: 1 매우 나쁨, 9 매우 좋음
출처: 고령지농업연구센터('96~'97)

3. 고랭지배추 저장

- 고랭지배추의 경우, 가격 변동이 심하므로 경영비를 고려하여 저장할 필요가 있으며 생산시기가 고온기에 접해 있어 품질 및 신선도 유지에 어렵다.
- 품질유지 방법으로는 수확 직후 3~12℃에서 6시간 예냉 처리하면 생체중 감소, 시들음, 황화 증상 등을 줄일 수 있다.
- 출하조절을 위해 PE필름에 포장하여 0~4℃에 저장할 경우 저장 후 12일까지 상품성이 고품질로 유지되며 수확 후 24일까지도 저장이 가능하다.

표 2. 예냉 처리에 의한 생체중 감소변화율

예냉 온도(℃)	저장기간별 감모율(%)			
	6일	12일	18일	24일
무예냉	4.2	7.8	9.0	15.3
3~4	2.2	5.4	7.0	8.7
7~8	2.1	4.4	6.8	9.5
11~12	2.6	4.2	7.2	8.4

출처: 고령지농업연구센터('96)

4. 저온기 월동배추 저장

- 해남, 진도 등 월동배추 주산지에서는 노지 상태로 월동시켰다가 2월 10일경에 수확하여 저장하는데, 2월 10일 이후에는 꽃눈이 형성되어 추대될 가능성이 높아지기 때문이다.

Part 07

배추 유기재배의
실천 기술

- 토양 내 산소공급을 위해 배추 사이에 수직천공을 만들면 수량이 증대된다.
- 수직천공 결과, 수량은 노지 봄배추에서 2%의 증대 효과가 있었고 소득은 3% 증대되었다.

✚ 활용방법

- 직경 5cm 내외의 길고 둥근 막대기를 이용한다.
- 배추 포기와 포기 사이를 15cm 정도의 깊이로 토양 구조가 깨지지 않도록 서서히 구멍을 뚫는다.
- 구멍은 포기 사이 하나면 되고 작물에 따라서는 포장조건에 맞춰 적절하게 조절할 수 있다.
- 시설 재배지의 경우 토양 표면에 피복된 비닐 때문에 수직천공을 하더라도 구멍이 막히는 경우가 있기 때문에 손으로 비닐을 제거해야 한다.
- 수직천공은 암모니아 등의 가스피해가 발생한 농가에서도 활용할 수 있다.

수직천공 방법

시비수준	수량 (톤/10a)	수량지수	조수입	경영비 (천 원/10a)	소득	소득지수
수직천공	12.85	102	1,924	481	1,443	103
대조구	12.54	100	1,868	461	1,407	100

출처: 경상남도농업기술원('07)

Ⅱ. 부직포 터널재배

- 부직포를 이용한 터널재배로 배추에 발생하는 다양한 해충 문제를 해결할 수 있다.
- 부직포 터널재배란 무게가 가볍고 공기와 수분의 이동이 쉬우며, 광투과율이 높은 부직포를 작물체 위에 덮어씌우고 재배하는 방법을 말한다.

✚ 설치방법 및 관리방법

- FRP(강화플라스틱), 대나무, 또는 굵은 철사를 80~100cm 간격으로 양쪽에 꽂아 아치형 터널을 만든다.
  - 이랑 폭 80cm의 경우 프레임 길이는 2m 정도가 적당함
- 터널 위로 부직포를 팽팽하게 씌우고 옆쪽 아랫부분에 핀을 박아 잘 고정하거나, 흙으로 덮어 바람에 날리지 않고 해충이 침입하지 못하도록 한다.

✚ 처리효과

- 저온기 터널 내의 온도와 지온을 상승시켜 생육을 촉진한다.
- 해충의 침입을 원천적으로 차단할 수 있다.
- 부직포에 빗방울이 흡수된 후 한 방울씩 떨어지므로 흙이 튀는 것을 방지할 수 있다.
- 서리 피해를 방지할 수 있어 재배시기를 앞당기거나 재배기간을 연장할 수 있다.

✚ 주의사항

- 파종 직후 터널을 씌워야 해충 방지 효과가 높다.
- 전작기에 해충이 많이 발생한 포장은 토양에 유황 등 친환경자재로 소독을 해주는 것이 필요하다.
- 봄, 가을에는 파종 후 40일, 여름철에는 30일 이전에 부직포를 제거하는 것이 좋다.

Ⅲ. 태양열소독

- 태양열소독이란 기온이 높은 여름철에 유기물과 석회를 시용한 후 물을 대고 투명한 비닐로 멀칭하여 토양온도를 높여서 병원균을 사멸시키거나 불활성화시키는 방법이다.
- 비닐하우스 재배에서 문제가 되는 선충이나 토양해충을 방제하는 데 탁월한 효과가 있으며 토양 표면 가까이 있다가 발아하여 올라오는 대부분의 잡초종자는 죽거나 제대로 발아하지 못하게 된다.
- 상추, 오이, 딸기처럼 뿌리를 얕게 뻗는 작물에 침해하는 병원균들은 방제가 잘되지만 토마토처럼 뿌리가 깊게 뻗는 작물에 기생하는 병원균에 대해서는 효과가 다소 낮다.

- **작업순서**

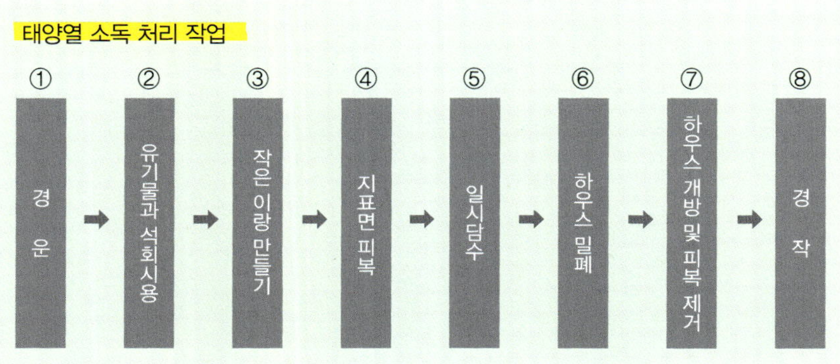

- 노지에서는 상토용 비닐에 10~15cm 두께로 흙을 넣고 10~15일간 방치하여 햇볕에 소독해도 효과적이다.
- 지중가온시설이 보급된 농가에서는 담수처리 후 지온을 50℃ 이상 되도록 5일간 가온할 경우 많은 토양전염성 병원균과 선충을 방제할 수 있다.
- 노지에서는 상토용 비닐에 10~15cm 두께로 흙을 넣고 10~15일간 방치하여 햇볕에 소독해도 효과적이다.

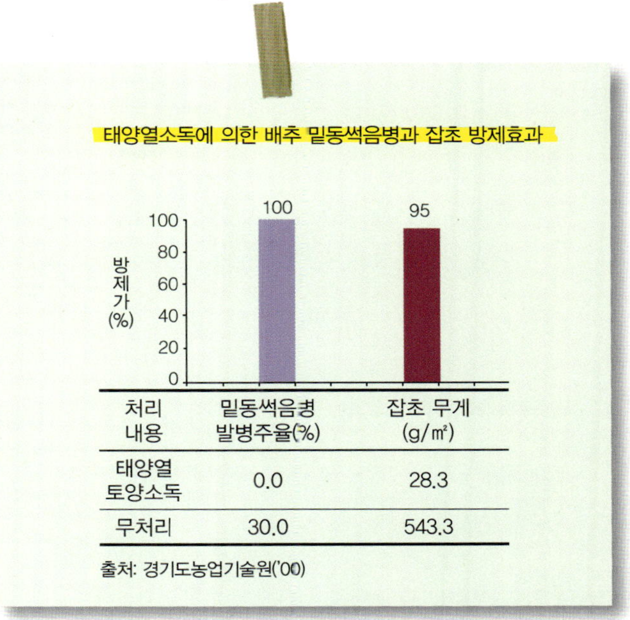

처리 내용	밑동썩음병 발병주율(%)	잡초 무게 (g/㎡)
태양열 토양소독	0.0	28.3
무처리	30.0	543.3

출처: 경기도농업기술원('00)

Ⅳ. 유채박－요구르트 액비

- 질소질 양분을 다량 함유한 유채박을 이용하여 액비로 사용하면 좋은 효과를 볼 수 있다.
- 요구르트를 이용해 유박을 발효시킨 후 생육 후기 양분공급제로 사용하면 작물의 생육과 자재비용을 절감할 수 있다.

✚ 활용방법

- 유채박(6kg, 질소 4.9%)과 요구르트(3.9L)를 물 15말(300L)과 혼합한다.
- 혼합액을 2주간 상온에서 발효시킨다.
  (2~3회/일 휘저어주거나 공기 주입장치로 산소를 공급한다.)
- 질소질 양분이 부족할 경우 토양에 관주한다.

요구르트 발효액비

✚ 처리효과

발효액비 처리로 작물에 양분을 공급하고 토양을 개량하는 효과가 있으며 양분가용화가 촉진된다.

V. 천적의 이용

1. 시설배추 재배지 천적이용

표 2. 시설채소의 해충방제에 사용되는 천적의 표준이용 모델

대상 해충	천적	천적 발육 단계	전략	처리시기 (해충발생)	처리 빈도	투입량/10a	방사 지점 /10a
나방	쌀좀알벌	번데기	치료	발생 시	4회	–	–
	곤충기생선충	3령	치료	발생 시	1~3회	–	–
목화진딧물 · 복숭아혹 진딧물	콜레마니진디벌	머미	예방 치료	예방 치료	매주 2주	100 ~ 500	5 ~ 10
	뱅커플랜트	성충	예방	2개월 전	1회	1~2	1~2
모든 진딧물	진디혹파리	번데기	치료 포장 증식	발생 시	4주	1,000	10
	풀잠자리	유충	치료	발생 시	–	10,000	발생 지점
	무당벌레	성충	치료	발생 시	–	진딧물100 마리당 1	발생 지점

출처: 국립농업과학원('05)

- 천적을 이용한 방제는 해충개체군의 밀도, 주변온도, 습도 및 작물 종류 등 환경적 영향을 받으므로 위의 표는 참고용으로 활용한다.
- 콜레마니진디벌은 예방, 치료, 포장증식 효과가 있으나 예방용으로 사용하는 것이 효과이며, 뱅커플랜트에서 진디벌을 많이 증식하도록 하기 위해서는 자주 관찰하여 진딧물이 부족하거나 없을 때 추가 접종을 해야 한다.

천적명 (학명)	이용 정도	대상 해충
콜레마니진디벌 *Aphidius colemani*	◎	목화진딧물, 복숭아혹진딧물
진디혹파리 *Aphidoletes aphidimyza*	○	모든 진딧물
무당벌레 *Harmonia axyridis*	△	진딧물 등 해충
곤충병원성선충 *Steinernema carpocapsae*	◎	나방유충

※ ◎ 많음 ○ 보통 △ 조금
출처: 국립농업과학원('05)

2. 엽채류 천적 이용 모델

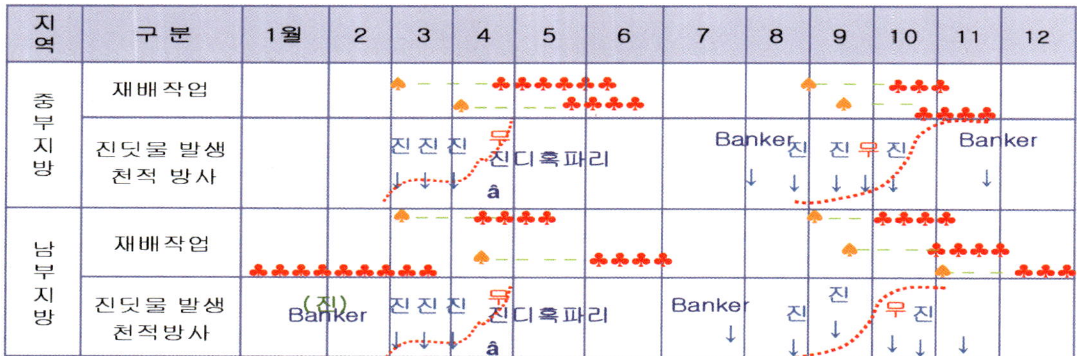

※진: 진디벌, 무: 무당벌레, ·····: 해충발생, Banker: 뱅커플랜트, ♠: 파종, ♣: 수확
출처: 국립농업과학원('05)

- 뱅커플랜트는 해충의 천적을 유지하는 식물이다.
- 식물에서 진딧물 등의 초식자가 증식하고, 초식자를 먹이로 하는 포식 자나 기생자가 증식한다.
- 뱅커플랜트의 초식자는 작물에 해를 주지 않으나 천적인 포식자나 기 생자는 작물에 발생하는 해충을 공격한다.
- 주로 보리나 밀 등 화본과 식물을 뱅커플랜트로 원예작물의 해충 방제 에 이용한다.
- 뱅커플랜트의 설치시기는 해충이 발생하기 전이 좋다.
- 뱅커플랜트의 성공비결은 주 작물 정식 초부터 천적을 오랫동안 발생 시키도록 뱅커플랜트를 관리하는 것이다.
- 뱅커플랜트에 초식자가 없거나 적으면 계속적으로 천적이 발생할 수 없으므로 초식자를 접종해야 한다.
- 진딧물 방제 시 하우스당 1주의 뱅커플랜트를 정식하여 사용한다.
- 뱅커플랜트에 진디벌이 많이 기생하여 먹이인 보리두갈래진딧물이 없 으면 추가 접종을 해야 한다.

4. 곤충병원성선충 이용

+ 나방류에 이용(국립원예특작과학원, '04)

- 꿀벌부채명나방(*Steinernema carpocapsae*)에서 증식한 곤충병원성 선충을 배추에 발생하는 나방류에 이용 시 방제효과가 있다.
- **이용방법**
  - 봄배추에서 나방류 유충이 엽당 0.3~0.6마리 발생 시 곤충 병원성

선충을 100평당 $1{\times}10^8$마리 정도 물 46L에 희석하여 3일 간격으로 3회 살포하고 14일 후 1회 살포한다.

 – 선충 처리는 해뜨기 전·후와 해질녘 또는 날씨가 흐린 날 뿌리는 것이 효과적이다.

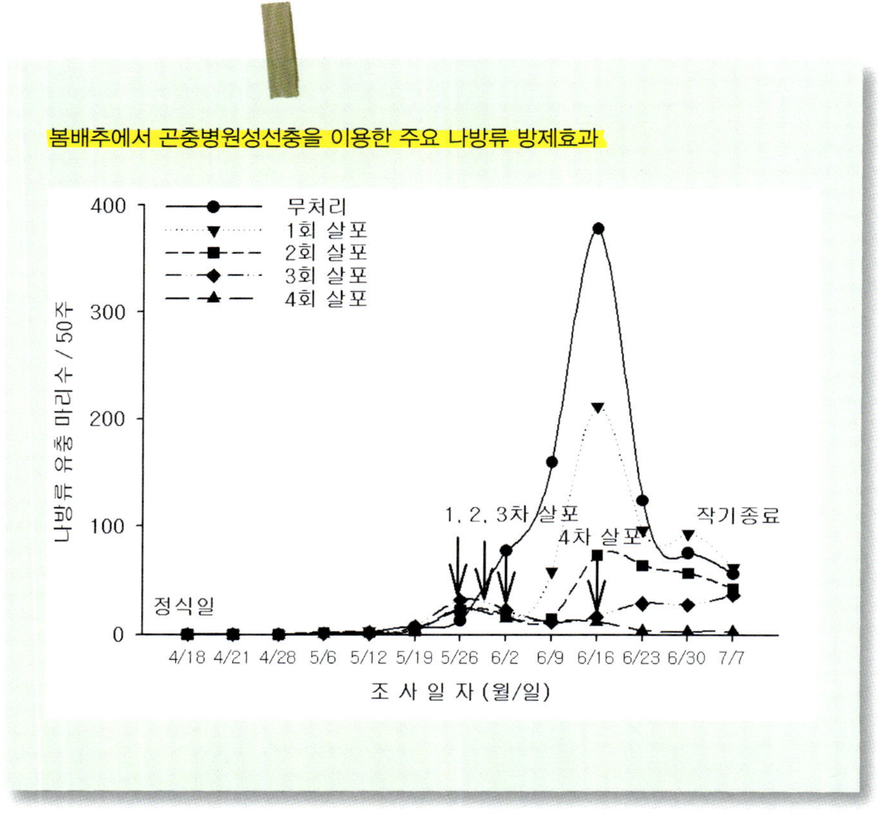

➕ 배추흰나비에 이용(국립원예특작과학원, '05)

• 십자화과 채소에서 배추흰나비 유충이 주당 0.3~1.0마리가 발생할 때 곤충 병원성 선충을 $1{\times}10^8$마리 농도로 40~46L의 물과 희석하여 3일 간격으로 3회 살포 시 92~99.0%의 방제 효과가 있었다.

- 십자화과 채소에서 좁은가슴잎벌레 유충이 주당 0.3~1.3마리가 발생할 때 곤충 병원성 선충을 $1×10^8$마리 농도로 40~46L의 물과 희석하여 3일 간격으로 3회 살포 시 82.8~96.5%의 방제 효과가 있었다.

5. 배추나비고치벌을 이용한 배추좀나방 방제 (고령지농업연구센터, '06)

- 실내에서 대량사육한 배추나비고치벌 고치·성충을 배추좀나방과 배추흰나비 방제에 이용하여 높은 효과를 보였다(아래 그래프 참조).

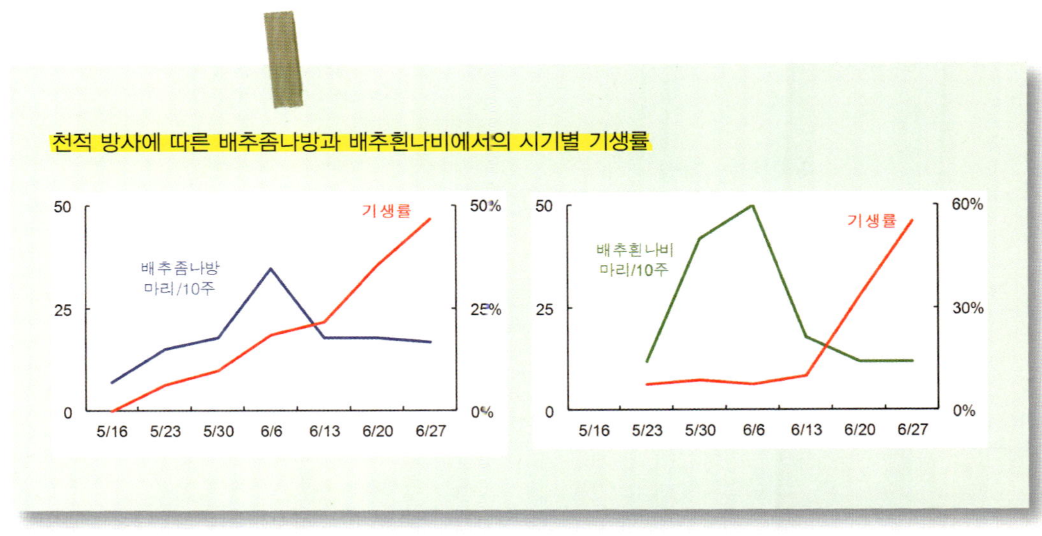

Ⅵ. 난황유의 활용

- 난황유란 식용유를 달걀노른자로 유화시킨 유기농 작물보호자재로 거의 모든 작물의 병해충 예방목적으로 활용한다.
- 흰가루병, 노균병, 응애, 진딧물 등에 대한 예방효과가 높다.

✚ 만드는 방법

- 소량의 물에 달걀노른자를 넣고 2~3분간 믹서로 간다.
- 달걀노른자 물에 식용유를 첨가하여 다시 믹서로 3~5분간 혼합한다.
- 만들어진 난황유를 물에 희석해서 골고루 묻도록 살포한다.

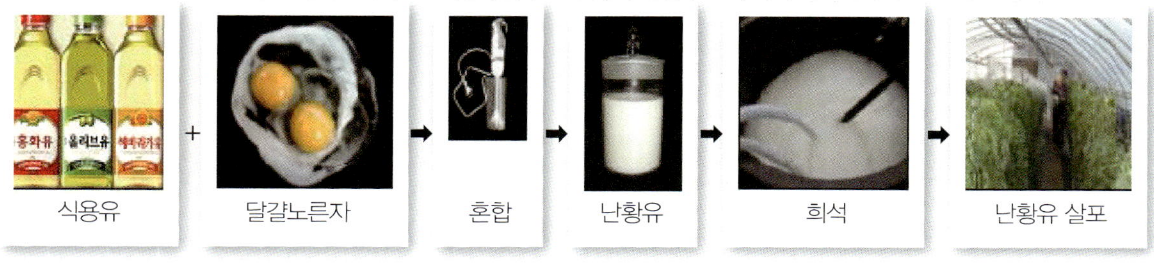

식용유 + 달걀노른자 ▶ 혼합 ▶ 난황유 ▶ 희석 ▶ 난황유 살포

재료별	병 발생 전(0.3% 난황유)			병 발생(0.5% 난황유)		
	1말(20L)	10말 (200L)	25말(500L)	1말(20L)	10말(200L)	25말(500L)
식용유	60mL	600mL	1.5L	100mL	1L	2.5L
달걀노른자	1개	7개	15개	1개	7개	15개

✚ 사용방법

- 예방적 살포는 10~14일 간격, 병·해충 발생 후 치료적 목적은 5~7일 간격으로 살포한다.
- 잎의 앞·뒷면에 골고루 묻도록 충분한 양을 살포해야 한다.
- 난황유는 직접적으로 병해충을 살균·살충하기도 하지만 작물 표면에 피막을 형성하여 병원균이나 해충의 침입을 막아주므로 너무 자주 살포하거나 농도가 높으면 작물 생육이 억제될 수 있다.
- 난황유는 꿀벌이나 천적 등에도 피해를 줄 수 있으므로 사용상 주의가 필요하다.

난황유 사용 시 주의사항

- 5℃ 이하 저온과 35℃ 이상 고온에서는 약해를 나타낼 수 있다.
- 저온·다습 시에는 기름방울이 마르지 않고 결빙되어 약해증상을 나타낼 수 있고, 고온·건조 시에는 기름방울에 의한 작물의 수분 스트레스가 높아진다.
- 작물의 종류, 생육시기, 재배 형태 등에 따라 난황유에 대한 반응이 다를 수 있다.
- 농도가 높거나 너무 자주 살포하면 작물에 생육장애가 있을 수 있다.
- 영양제나 농약과 혼용 시 효과가 낮아지거나 약해 발생 우려가 높다.

✚ 난황유 혼합물

(1) 난황유 + 고추씨 추출물

- **제조방법**
    - 물에 난황유 0.3%, 고추씨 추출물 0.5%의 비율로 희석 · 혼합하여 제조
- **처리**
    - 배추 정식 후 7일 간격으로 살포
- **효과**
    - 배추 검은무늬병 73.7% 경감
    - 배추 주요 해충 3주까지 지속적 억제
    - 5주 이후부터는 억제효과가 다소 떨어짐

(2) 난황유 + 비티제(*Bacillus thuringiensis*)

- **제조방법**
    - 물에 0.3% 비율로 만든 난황유에 추천농도 1/2의 비티제 혼합
    - 혼합 후 24시간 이상 비티 배양 2일째에 효과 최대
    - 2일이 지나면서 효과 감소하기 시작
- **처리**
    - 배추 정식 후 7일 간격으로 살포
- **효과**
    - 배추 검은무늬병 78.1% 경감
    - 배추 노균병과 주요 해충 억제
    - 하루 이상 배양 후 사용 시 배추좀나방 100% 방제

(3) 난황유 + 님(Neem)오일

- **제조방법**
  - 물에 0.3% 비율로 만든 난황유에 추천농도 1/2의 님오일 혼합

- **처리**
  - 배추 정식 후 7일 간격으로 살포

- **효과**
  - 배추 검은무늬병 65.1% 경감
  - 배추 주요 해충 지속적 억제

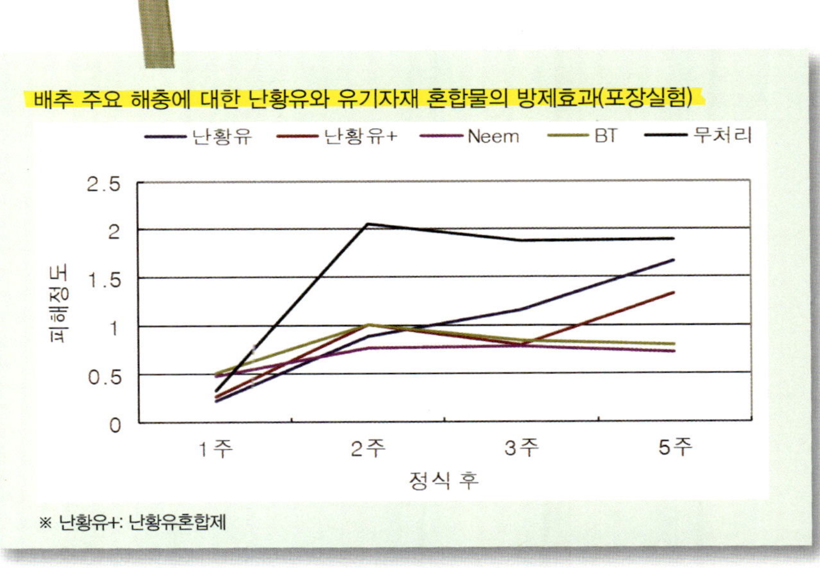

표 5. 배추 검은무늬병에 대한 난황유와 유기자재 혼합물의 억제 효과(포장실험)

처리	병 발생률(%)
난황유	23.6±7.0
난황유 +고추씨 추출물	17.8±6.8
Bt	14.8±3.9
Neem oil	19.4±3.6
무처리	67.6±9.4

Ⅶ. 식물추출물

- 식물은 다양한 생물활성물질을 함유하고 있는데, 일부 식물은 곤충을 직접 죽이거나 기피 및 섭식저해작용을 한다.
- 해충에 독성을 가지는 식물체를 이용하여 해충방제용 자재를 만들 수 있다.

✚ 제조방법

- 식물 채집: 잎(은행, 후추, 담배, 협죽도, 허브류, 무화과) 뿌리(창포, 석산, 자리공, 고삼, 마늘), 꽃(제충국), 열매, 씨(멀구슬, 유채, 고추, 초피)
- 그늘진 곳에서 5일 정도 말린 후 추출이 잘되도록 믹서로 간다.
- 소주 또는 주정 2L에 건조된 식물체 200g을 넣고 1주일 이상 둔다.
- 햇빛이 없는 곳에 보관하고 필요할 때 200~300배로 희석하여 살포한다.

멀구슬 열매

분쇄

✚ 해충별 억제효과를 보이는 식물

- 진딧물: 창포, 나비나물, 팔각향, 후추열매, 천궁, 제충국
- 배추좀나방: 팔각향, 후추, 천궁 강황, 굴피, 나도밤나무, 회화, 초피, 해송
- 담배거세미나방: 초피나무, 회화나무

✚ 주의사항

- 추출물은 인축에도 독성이 있을 수 있으므로 어린이들 손이 닿지 않는 곳에 보관하며 직접 만지게 되면 피부 염증을 유발할 수 있다.
- 여러 식물을 동시에 추출하면 그 당시는 효과가 높으나 추후 내성이 생긴다.
- 천연유화제나 난황유 등과 혼합하여 사용하면 살충력이 높아진다.

Ⅷ. 비티(BT)제의 활용

- 비티(BT)제는 곤충에 병을 일으키는 세균인 *Bacillus thuringiensis*를 배양하여 제형화한 것으로 '비티아이자와이'와 '비티쿠르스타키' 두 가지 아종이 산업화하여 국내에서 판매되고 있다.
- 비티제는 배추에서 문제가 되는 배추좀나방, 파밤나방과 같은 나방류 유충에 살충효과를 보인다.
- 비티제는 나방류 유충에만 효과가 있어 곤충 천적과 함께 사용할 수 있고 잔류독성 및 환경의 오염이 없다는 장점이 있다.
- 페로몬 트랩이나 황색 점착트랩으로 나방류 해충의 발생을 예찰하여, 해충 발생 초기에 살포한다.
- 미생물을 이용한 작물보호제이므로 효과지속 기간이 9일 정도로 짧아 9일 간격 이내로 살포하는 것이 좋다.

표 6. 배추좀나방 영기에 따른 비티제 살충효과 비교

배추좀나방 처리		마리/주(평균±표준오차)		살충률(%)
		처리 전 밀도	처리 후 밀도	
2령	비티	32.7±0.9	1.0±0.3	95.8
	무처리	36.7±3.0	27.4±5.3	–
전 유충태	비티	77.3±19.8	33.8±8.1	61.8
	무처리	38.4±18.2	44.1±24.3	–

✚ 주의사항

- 비교적 자외선이 적은 오후나 저녁에 살포하는 것이 좋다.
- 전착제를 혼합하여 사용하면 효과를 높일 수 있다.
- 비티제 개봉 후 즉시 사용하고 사용 전에 냉장보관 하면 미생물의 활력이 높은 상태로 유지할 수 있다.

- 비티제가 어린 유충에는 효과가 좋으나, 노숙 유충에는 효과가 떨어지는 것으로 알려져 있어 비티제를 살포하기 전에 수시로 경작지에 발생하는 해충을 살펴보아 발생 초기에 살포해야 효과적으로 방제할 수 있다.

Ⅸ. 베이킹파우더

- **대상 병해**: 흰가루병, 노균병, 잿빛곰팡이병
- 베이킹파우더 20g을 물 1말(20L)에 희석하여 주기적으로 사용하면 흰가루병과 다른 곰팡이 병을 억제할 수 있다.
- 베이킹파우더는 많은 곰팡이병해에 방제효과가 있으나 자주 사용하거나 농도가 높으면 약해가 발생할 수 있으며 토양 pH가 알칼리로 변할 수 있으므로 주의해야 한다.

- 베이킹파우더 단독 사용보다는 천연비눗물이나 난황유 등과 혼합 사용
  하면 효과를 높일 수 있다.

X. 유인트랩 이용 예찰

- 배추좀나방, 진딧물, 벼룩잎벌레에 유인트랩을 이용하여 방제한다.
- 벼룩잎벌레는 7월 상순경 배추 정식 전, 배추좀나방은 6월 하순~7월
  상순, 목화진딧물 6월 상순 및 무테두리진딧물은 8월 중순경에 방제대
  책을 강구한다.
- 황색끈끈이트랩을 이용할 때 벼룩잎벌레는 지상 0~15cm, 진딧물과
  배추좀나방은 30~45cm 위치에 설치할 때 가장 효과적이다.

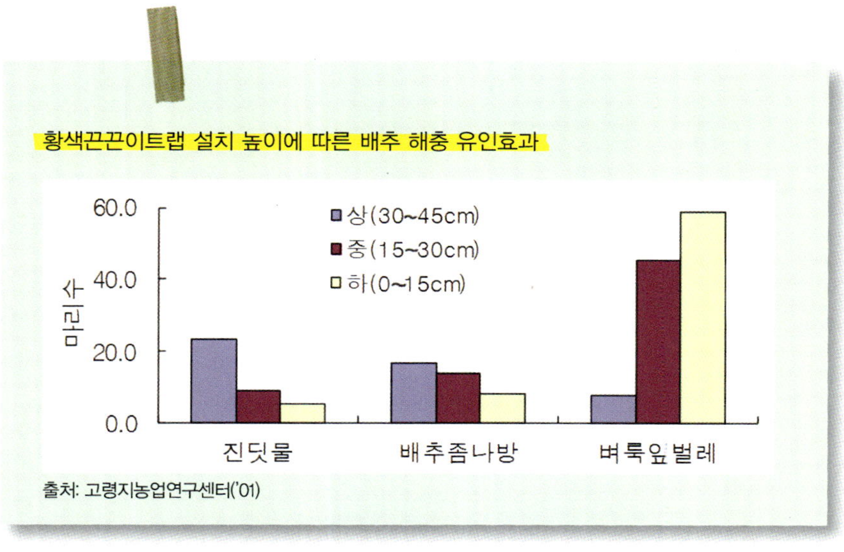

XI. 민달팽이 트랩

- 달팽이는 배추 상추 등 채소에 발생하여 피해를 주는데 특히 민달팽이는 고온다습한 시기에 피해가 큰 해충이다.
- 달팽이는 발효냄새에 유인이 잘되는데 이를 이용해 트랩을 만들어 방제를 할 수 있다.

✚ 활용방법

- 종이컵 크기의 용기에 맥주 50mL와 담배 1개비를 혼합한다.
- 2~3m 간격으로 토양에 반쯤 매몰한다.
- 약 2일 간격으로 달팽이를 제거하고 새로 맥주와 담배를 채워준다(담배는 니코틴 함유량이 높은 제품을 이용할 것).
- 포장이 넓지 않은 곳에서 활용이 가능하며 유묘시기에 특히 효과가 크다.

맥주 · 담배 혼합트랩에 유인된 민달팽이

트랩설치구(우)와 무처리구(좌)의 민달팽이 피해

XII. 두더지 퇴치기

- 유기재배 토양에는 일반적으로 미소동물이 많아 두더지의 출몰이 잦아서 작물의 뿌리를 손상시키고 굴이 이랑을 무너뜨린다.
- 두더지는 특정 초음파를 싫어하는데 이를 이용해 최근 초음파 진동기가 사용되고 있다.

＋ 활용방법

- 아래와 같은 진동형 두더지 퇴치기를 두더지 출몰이 잦은 곳에 20m 간격으로 설치한다.
- 파이프의 진동이 토양으로 잘 전달되기 위해서 두더지 퇴치기의 끝부분이 단단한 심토에 고정되어야 한다.

진동형 두더지 퇴치기(태양광 이용 제품)

- 두더지 퇴치기를 설치하고 초기에는 잠시 두더지 굴이 더 많아질 수 있으므로 두더지가 경지 밖으로 나가도록 설치를 순차적으로 해야 한다.
- 2~3년이 지나고 퇴치기의 진동에 두더지가 적응해 다시 피해가 발생할 수 있으므로 두더지가 퇴치기의 진동에 적응하여 피해를 일으키지 않도록 휴한기에는 철거해야 한다.

1. 국내 유기농업에 허용되는 자재 목록 (개정 2012.7.4)

표 1. 토양개량과 작물생육을 위하여 사용이 가능한 자재

사용가능 자재	사용가능 조건
○ 농장 및 가금류의 퇴구비	○ 농촌진흥청장이 고시한 품질규격에 적합할 것
○ 퇴비화된 가축배설물	
○ 건조된 농장퇴구비 및 탈수한 가금퇴구비	○ 지렁이 양식용 자재는 이 목(1) 및 (2)에서 사용이 가능한 것으로 규정된 자재만을 사용할 것
○ 식물 또는 식물잔류물로 만든 퇴비	
○ 버섯재배 및 지렁이 양식에서 생긴 퇴비	
○ 지렁이 또는 곤충으로부터 온 부식토	○ 슬러지류를 먹이로 하는 것이 아닐 것
○ 식품 및 섬유공장의 유기적 부산물	○ 합성첨가물이 포함되어 있지 아니할 것
○ 유기농장 부산물로 만든 비료	
○ 혈분·육분·골분·깃털분 등 도축장과 수산물 가공공장에서 나온 동물부산물	
○ 대두박, 미강유박, 깻묵 등 식물성 유박류	
○ 제당산업의 부산물(당밀, 비나스(Vinasse), 식품등급의 설탕, 포도당 포함)	○ 유해 화합물질로 처리되지 아니할 것
○ 유기농업에서 유래한 재료를 가공하는 산업의 부산물	
○ 이탄(Peat)	
○ 피트모스(토탄) 및 피트모스추출물	
○ 오줌	○ 적절한 발효와 희석을 거쳐 냄새 등을 제거한 후 사용할 것
○ 사람의 배설물	○ 완전히 발효되어 부숙된 것일 것
	○ 고온발효: 50℃ 이상에서 7일 이상 발효된 것
	○ 저온발효: 6개월 이상 발효된 것
	○ 직접 먹는 농산물에 사용금지
○ 해조류, 해조류 추출물, 해조류 퇴적물	
○ 벌레 등 자연적으로 생긴 유기체	
○ 미생물 및 미생물추출물	
○ 구아노(Guano)	
○ 짚, 왕겨 및 산야초	
○ 톱밥, 나무껍질 및 목재 부스러기	○ 폐가구 목재의 톱밥 및 부스러기가 포함되어 있지 아니할 것
○ 나무숯 및 나뭇재	
○ 황산가리 또는 황산가리고토(랑베나이트 포함)	○ 천연에서 유래하여야 하며, 단순 물리적으로 가공한 것에 한함

○ 황산가리 또는 황산가리고토(랑베나이트 포함)	○ 천연에서 유래하여야 하며, 단순 물리적으로 가공한 것에 한함
○ 석회소다 염화물	○ 사람의 건강 또는 농업환경에 위해요소로 작용하는 광물질(예: 석면광, 수은광 등)은 사용할 수 없음
○ 석회질 마그네슘 암석	
○ 마그네슘 암석	
○ 황산마그네슘(사리염) 및 천연석고(황산칼슘)	
○ 석회석 등 자연산 탄산칼슘	
○ 점토광물(벤토나이트 · 펄라이트 및 제올라이트 일라이트 등)	
○ 질석(풍화한 흑운모: Vermiculite)	
○ 붕소 · 철 · 망간 · 구리 · 몰리브덴 및 아연 등 미량원소	
○ 칼륨암석 및 채굴된 칼륨염	○ 합성공정을 거치지 아니하여야 하고 합성비료가 첨가되지 아니하여야 하며, 염소 함량이 60% 미만일 것
○ 천연 인광석 및 인산알루미늄칼슘	○ 물리적 공정으로 제조된 것이어야 하며, 인을 오산화인(P_2O_5)으로 환산하여 1kg 중 카드뮴이 90mg/kg 이하일 것
○ 자연암석분말 · 분쇄석 또는 그 용액	○ 화학합성물질로 용해한 것이 아닐 것
○ 베이직슬래그(鑛滓)	○ 광물의 제련과정으로부터 유래한 것
○ 황	
○ 스틸리지 및 스틸리지추출물(암모니아 스틸리지는 제외한다)	
○ 염화나트륨(소금)	○ 채굴한 염 또는 천일염일 것
○ 목초액	○ 「산림자원의 조성 및 관리에 관한 법률」에 따라 국립산림과학원장이 고시한 규격 및 품질 등에 적합할 것
○ 키토산	○ 농촌진흥청장이 정하여 고시한 품질규격에 적합할 것
○ 그 밖의 자재	○ 국제식품규격위원회(CODEX) 등 유기농 관련 국제기준에서 토양개량과 작물생육을 위하여 사용이 허용된 자재로서 농촌진흥청장이 인정하여 고시하는 물질

사용이 가능한 자재	사용 가능 조건
(가) 식물과 동물	
○ 제충국 추출물	○ 제충국(Chrysanthemum cinerariaefolium)에서 추출된 천연물질일 것
○ 데리스(Derris) 추출물	○ 데리스(Derris spp., Lonchocarpus spp. 및 Terphrosia spp.)에서 추출된 천연물질일 것
○ 쿠아시아(Quassia) 추출물	○ 쿠아시아(Quassia amara)에서 추출된 천연물질일 것
○ 라이아니아(Ryania) 추출물	○ 라이아니아(Ryania speciosa)에서 추출된 천연물질일 것
○ 님(Neem) 추출물	○ 님(Azadirachta indica)에서 추출된 천연물질일 것
○ 밀랍(Propolis)	
○ 동 · 식물성 오일	
○ 해조류 · 해조류가루 · 해조류추출액 · 해수 및 천일염	○ 화학적으로 처리되지 아니한 것일 것
○ 젤라틴	○ 크롬(Cr)처리 등 화학적 공정을 거치지 아니한 것일 것
○ 인지질(레시틴)	
○ 난황(卵黃)	
○ 카제인(유단백질)	
○ 식초 등 천연산	○ 화학적으로 처리되지 아니한 것일 것
○ 누룩곰팡이(Aspergillus)의 발효생산물	
○ 버섯 추출액	
○ 클로렐라 추출액	
○ 목초액	○ 「산림자원의 조성 및 관리에 관한 법률」에 따라 국립산림과학원장이 고시한 규격 및 품질 등에 적합할 것
○ 천연식물에서 추출한 제제 · 천연약초, 한약재	
○ 담배차(순수니코틴은 제외)	
○ 키토산	○ 농촌진흥청장이 정하여 고시한 품질규격에 적합할 것
(나) 광물질	
○ 구리염	
○ 보르도액	
○ 수산화동	
○ 산염화동	
○ 부르고뉴액	

○ 생석회(산화칼슘) 및 수산화칼슘	○ 보르도액 및 석회유황합제 제조용에 한함
○ 유황	
○ 규산염	○ 천연에서 유래하거나, 이를 단순 물리적으로 가공한 것에 한함
○ 규산나트륨	
○ 규조토	
○ 벤토나이트	
○ 맥반석 등 광물질 분말	
○ 중탄산나트륨 및 중탄산칼륨	
○ 과망간산칼륨	
○ 탄산칼슘	
○ 인산철	○ 달팽이 관리용으로 사용하는 것에 한함
○ 파라핀 오일	
(다) 생물학적 병해충 관리를 위하여 사용되는 자재	
○ 미생물 및 미생물 추출물	
○ 천적	
(라) 덫	
○ 성유인물질(페로몬)	○ 작물에 직접 살포하지 아니할 것
○ 메타알데하이드	
(마) 기타	
○ 이산화탄소 및 질소가스	
○ 비눗물	○ 화학합성비누 및 합성세제는 사용하지 아니할 것
○ 에틸알코올	○ 발효주정일 것
○ 동종요법 및 아유르베다식(Ayurvedic) 제제	
○ 향신료 · 생체역학적 제제 및 기피식물	
○ 웅성불임곤충	
○ 기계유	
○ 그 밖의 자재	○ 국제식품규격위원회(CODEX) 등 유기농 관련 국제기준에서 병해충 관리를 위하여 사용이 허용된 자재로 농촌진흥청장이 인정하여 고시하는 물질